解鎖強大行銷潛能

商業模式

進化論

大連線時代的轉型祕訣！利用粉絲效應，提升產品價值與市場影響力

翁晉陽，管鵬，徐剛，喬磊，劉穎婕　　著

精準行銷與廣告投放，有效提升觸及率

剖析粉絲經濟的核心

藉由互動式行銷建立品牌與顧客的連結

引領社群新潮流，挖掘潛藏的商業價值

社群經濟時代，構建活躍社群，贏得市場先機

目錄

推薦序

序言

前言

導讀

▶ Part1
網路革命新篇章：
社群經濟引領網路商業新秩序

目錄

▶ Part4
社群生態下的粉絲經濟：
粉絲效應引發的商業裂變

目錄

▶ Part7
重新定義
企業、產品與粉絲之間的關係

推薦序

　　管鵬約我寫推薦序，說實話，恰逢我的著作剛剛出版 3 個月，一直忙於配合出版社的簽售活動，真的沒有時間好好深究社群粉絲經濟。但是，社群粉絲經濟確實是商業世界一個非常新、非常重要的話題，管鵬及其團隊能花時間探索、研究、總結，實在是難能可貴。

　　我的著作出版後收到很多企業家、學者、政府官員、朋友的讀後感，也有很多朋友提出不同問題。大家對網路時代到來顛覆傳統商業的擔憂超出我的意料。其中，社群粉絲經濟對於傳統企業轉型來說，就是一塊超級難啃的「骨頭」。因為，社群粉絲經濟的出現意味著商學院長達 100 多年來建立起來的經濟學和市場學課程體系，開始被動搖。原來 MBA 們學習的那些東西也正在過時。

　　一個簡單的道理就是，傳統商學院建立起來的市場學、經濟學課程體系是以稀缺經濟為前提，以商家生產、客戶跟從為中心，以「圍剿」客戶為目標的一整套經濟和市場策略與規則。網路徹底打破了商家資源壟斷、資訊不對稱、中間

推薦序

環節暴利的舊規則，讓廣大使用者和消費者獲得了從來沒有過的自由：資訊獲取的自由，選擇商家的自由，購買方式的自由，個性化訂製的自由，甚至定義自身社會屬性的自由，如既是消費者又是供應商，網路世界恰恰就是人類實現更大自由的新世界。

在新世界，使用者自由選擇和決策，意味著新規則的誕生：從原來的以商家為中心，轉變為以使用者為中心。不同興趣、愛好、價值取向的使用者，在網路虛擬世界，如社群平臺或 Facebook，逐漸形成不同的網路社群；當那些通曉網路新世界的商家以獨特的網路＋的人文關懷，O2O（Online To Offline，線上線下整合）連線上這些使用者、討好他們參與產品發展時，專屬於他們的社群粉絲經濟就誕生了。

當然，由於人類的個性、心理等種種因素不同，社群粉絲經濟的形成將會是一個奇妙的過程，其內涵從構成要素，到建構形態以及與新經濟和傳統商業的關係，都尚未定論。也因為此，管鵬、翁晉陽、喬磊、徐剛、劉穎婕將過去幾年經營社群的探索和經驗總結成這本書籍，非常有現實意義，也將為學界的研究提供很好的素材。

吳霽虹

序言

提起「網路＋」，最早的感受還是 3 年前峰會時，意氣風發的董事長李彥宏先生對大家說的，國外學生作業在線上提交，老師在線上批改作業，快速回饋。他認為未來網路將會加速對傳統行業的衝擊，未來各行各業都將被網路化。

而真正讓我開始知道「網路＋」這個名詞的則是來自於馬化騰先生的發言。他表示：「網路＋」創新湧現網路與其他產業的連線，會讓許多複雜的難題找到新的解決方法。未來幾年，網路在醫療健康、交通等領域都將表現出眾，帶來很多創新。同時，跨界創新也讓傳統產業的疆界變得模糊，行業版圖需要重新想像，競爭加劇。

兩年前我在網路思維解讀中就提出了「網路＋」帶來的跨界思維，在一次分享授課中，我認為：未來各行各業都將經由行動網路的高速發展，快速整合搭建平臺。而我始終認為「網路＋」最終是一種基於網路的產業連線。

我一直在新媒體領域致力於探索人與人的連結，並藉由自媒體平臺打造了極具影響力的 O2O 人脈聚合平臺，將網

路創新的社群模式與傳統行業加速整合。何為社群？社群其實就是基於社群平臺聚合的社交群體，那麼社群平臺就尤為重要。

深入解讀社群的本質必然是群體中的每個人，所以對於基於社群連線的傳統行業，必然要透過社群中的人脈數據結合行業的營運數據。

經由摸索，我認為：社群透過「網路＋」才能真正發揮其價值。社群未來的趨勢將逐步去中心化和細分化。我們可以打造每個行業的細分社群，如汽車售後服務市場平臺可以藉由招募各地的車友負責人，打造基於車友的社群體系，為社群中的車友提供汽車服務。

網路金融無疑是「網路＋」浪潮的最大受益者。我曾受邀出席節目，現場就網路和金融的結合表示看好。近來，我真正地感受到了網路金融就在身邊，普惠金融透過行動網路

讓每位網友受益。基於行動網路社群的網路金融則是透過社群把需要理財、投資的群體聚合起來。而目前社群傳媒作為「網路＋傳媒」的重要管道，已經獲得了廣泛關注，基於社群的傳播未來或將成為新的傳播主流。

　　真正在「網路＋」模式中高速發展的無疑是行動電商，從無數驚人數據就可以看到行動端已經開始全面占據主導地位，而基於行動電商最主要的表現形式「微商」，則是真正的完全基於行動網路所創造的奇蹟。微商的領軍者不僅大手筆贊助數個活動廣告，更是把宣傳做到了紐約時代廣場，讓人不得不對微商行業的快速爆發而吃驚。

　　其實微商才是最懂得經營社群的一批人。所有的微商企業、微商團隊都必然有自己的社群，微商領導者經由社群釋出資訊來培訓，藉由社群釋出產品的策劃文案，利用社媒平臺等多管道擴散。在我看來，微商的社群可以定義為產品社群，參與者基於某產品而聚合，直接與廠家或廠家代表對話，迅速對廠家的產品提出建議，以改善產品的品質，配合研發新品，真正實現產品以人為本。所以，西元 2015 年越來越多的微商品牌開始重視微商團隊社群，不斷為微商團隊提供各種服務和支持。前不久我以頒獎嘉賓的身分出席世界微商大會，了解到諸多西元 1990 年代之後的微商從業者，團隊月進帳過千萬元，不禁暗暗吃驚。

序言

其實,「網路＋社群」已經滲透到各行各業的點點滴滴,在此不過多舉例。連小小的名片製造商也開始因此受益。我有一位做高階名片訂製的朋友,透過聚合各地的企業家社群,專門在社群內為群內的企業家們製作名片。他說現在的業務基本上不用宣傳,完全透過口碑傳播,公司連業務人員都不需要了。他開玩笑地:「連辦公地點都可以不用,直接在家就可以接單。」

毋庸置疑,未來「網路＋」最大的浪潮一定是社群,從網路預言教父凱文‧凱利(Kevin Kelly)提出對於社群商業模式的高度認可,再到正和島率先帶領企業家全面擁抱社群,社群時代已經全面到來。相信未來會有更多的傳統行業透過「網路＋社群」的浪潮取得更大的成功,讓我們拭目以待吧。

前言

　　近幾年來，一大批依託網路的企業應運而生，並取得巨大的成功。這些企業的成功，不僅顛覆和重構了傳統的商業模式，而且使得與網路相關的概念愈來愈炙手可熱，如「網路思維」、「雲端計算」、「大數據」、「O2O」、「社群經濟」和「粉絲經濟」。

　　雖然目前「社群經濟」和「粉絲經濟」這兩個概念已經被寫入了眾多企業的發展策略當中，而且隨著實踐的拓展，這兩個概念已經逐漸融合，但二者卻各有出處。

　　「社群經濟」的提出者是「邏輯思維」的創始人羅振宇。「邏輯思維」源於西元 2012 年年底的一檔知識性脫口秀節目，在短時間內迅速走紅，不僅單期節目的播放量輕鬆破百萬，而且半年就收穫了百萬粉絲。目前，「邏輯思維」已經成為一個品牌，其代表的是影響力巨大的網路知識社群，體系內涵蓋了知識類脫口秀影片及音訊、會員制、網路商城、粉絲社交群組等多種互動形式。

　　「粉絲經濟」的鼻祖則非小米科技莫屬。西元 2010 年 4

前言

月，小米科技正式成立，其定位是一家專注於智慧產品自主研發的行動網路公司。雖然智慧型手機領域已有蘋果（Apple）、三星（Samsung）等霸主，但憑藉首創的用網路模式開發手機作業系統、顧客參與開發改進的模式，小米科技在智慧型手機市場仍然取得了不可忽視的地位。

無論「邏輯思維」還是小米科技，其能夠迅速崛起，一方面離不開企業商業模式方面的創新，而另一方面則要歸功於所處的網路時代。

在行動網路時代，使用者體驗成為企業著力的關鍵點。新型行動社群平臺讓人們感受到了網路連線的力量。因此，網路社群成為企業變革和品牌塑造的主要推動力，也促使著企業和品牌向社群化轉變。

如果說過去的社會發展模式是人與社會的物化過程，人本身被解構，被結構化、數據化。那麼，社群粉絲經濟就是人本的回歸，是將人重新拉回了中心位置。不論是以 Airbnb、Uber 等為代表的共享經濟，還是粉絲經濟，以及團購等 C2B（Consumer to Business，消費者對商家模式）電商模式，都是以人為中心，讓技術、數據、管理圍繞人進行運作的創新形式。

為了讓讀者更容易理解社群粉絲經濟的價值，並在實際運作的過程中能夠有的放矢，本書不僅闡述了「社群粉絲經

濟」的內涵、網路社群的價值、社群粉絲經濟的六大商業趨勢、粉絲經濟的價值等問題,而且輔以案例解答了各式各樣實戰會遇到的挑戰。

可以預見,隨著行動網路對社會生活各方面的滲透,以及人們對個性化等人本因素的愈發重視,社群粉絲經濟必將煥發出越來越強的生命力和創造力,甚至帶來新一輪的網路革命。

導讀

在參加大會的飛機上，我心緒平靜，開啟輕薄的筆記型電腦，敲擊清脆的鍵盤，開始思索在這個眾創時代的社群發展之路。

未來社群將會如何發展，何去何從？我對未來眾創時代的社群模式加以分析，認為未來的社群發展之路將分為以下4種。

1. 人際關係社群分享，讓人人都是資源平臺

社交工具讓人與人的溝通異常簡單。我曾在社群平臺上擁有上百個各地的好友群，透過引導群內的多名社群媒體愛好者學習交流使用心得。我不僅線上聊天，而且線下也會舉辦各種有意思的見面活動，這一切都是透過網路聊天群組將五湖四海的朋友連線起來的。而在人際關係社群中最重要的無疑就是分享的力量，放眼所有優秀的人際關係社群，締造者必定是一個出色的演講家，他具備情感和專業前瞻性，無時無刻不透過振奮人心的話語影響著身邊的每個人，讓大家踴躍加入。我也在過去的兩年多時間分享各種新媒體話題多達300次。

2. 產品社群用參與感讓消費者玩起來

產品由使用者參與討論研發，透過社群和社群媒體來引導關注。挖掘產品背後的使用者，並把粉絲匯入自媒體平臺，最終完成社群的搭建，形成粉絲經濟。產品社群是具有價值的，遍布各處的「邏輯思維」會員就是最具實力的消費族群，而產品社群最重要的就是「玩起來」。所以你會看到「邏輯思維」一直在策劃各種透過遊戲和互動帶動參與感的產品體驗活動，不斷透過其獨創的社群媒體60秒語音、影片書籍等管道和各種活動吸引更多的粉絲加入社群，擴大社群的規模和價值，取得了很好的效果。所以產品社群最重要的就是策劃活動，每個好的產品社群背後都有相當出色的策畫團隊。

3. 行業社群讓社群重構傳統產業，實現再盈利

許多行業透過社群找到新的商業模式，例如網路金融，透過和社群的傳播結合打造的理財方式；例如社群傳媒，透過發起網路活動引導社群媒體愛好者參與，成功提升了分眾傳媒的估值。

其實最懂社群的行業無疑是微商，所有的微商團隊現在的管理和溝通都是透過社群來做的。微商產品社群的黏著度和互動性都是最高的，因為每個社群成員之間都有銷售利益的捆綁，所以微商會很積極地學習與了解社群知識。而微商

社群的最大價值在於透過培訓入口去分享產品的價值，幫助諸多行業重構。我預言未來將會有諸多行業社群快速地組建、發展。

4. 社群聯盟 —— 讓社群領袖聚合發展

自從「社群」這個概念爆紅，諸多社群創辦者逐漸成為各自領域的社群領袖。前不久我參與組建了聚合幾百名社群領袖的活動，透過聚合大家的力量，一起推動某個事件的發展。隨著社群時代的不斷快速發展，未來會有更多的社群領袖聚在一起。現在已是資源整合、合作雙贏的時代，打造社群聯盟的價值將會越來越大。

社群滿足了眾創的需求，社群解決了「參與感、歸屬感、成就感」的三感合一的需求，未來將會有更多的創業者擁抱社群。讓我們一起探索社群的發展模式，創造新的奇蹟。

Part1

網路革命新篇章：

社群經濟引領網路商業新秩序

▍網路時代的變革藍圖：

社群粉絲經濟重構商業新秩序

　　網路的本質是連線一切，即：將處於不同時空場景中的人、資訊、資源等內容連結在一起，讓它們有了直接或者間接的交集。網路思維顛覆了價值創造的方式，也就是更多地聚焦於市場變化而非產品創新，透過為使用者提供更優質化的服務體驗來創造出更多的商業價值。一句話概括，就是「連線創造價值」。

　　隨著網路平臺和技術的發展與普及，「網路思維」成了一個不斷被人們提及的潮流詞彙，「網路思維培訓班」、「網路思維講師」等新名詞層出不窮。不僅網路和電商領域在積極往網路思維去轉型，就連實體經濟和傳統企業也紛紛效仿，大有「忽如一夜春風來，千樹萬樹梨花開」之勢。

　　但是，這種急速蔓延的現象也造成了人們對網路思維理解上的不足，特別是一些傳銷機構透過網路思維和粉絲經濟重新包裝自己，利用行動網路等新平臺繼續進行不法活動，這又使得人們對網路思維這一新生概念心存疑惑，甚至否定

它的價值。

其實，撥開紛繁複雜的迷霧，從本質上看，網路思維是網路經濟學的產物。許多企業的成功，是因為它們有效藉助了行動網路重塑社會生活的契機，迎合了社群網路移動化和社群化的趨勢。

在行動網路時代，使用者的消費體驗成為企業爭奪的關鍵點。現今許多新型行動社群平臺也讓企業家、年輕人、創業者等群體感受到了網路連線的力量。因此，網路社群成為企業變革和品牌塑造的主要推動力，也促使企業和品牌的社群化轉型。

社群經濟走出蛋殼

社交是人群的聚合，而有人群的地方就有市場。因此，在企業、微商、「邏輯思維」之前，網路上已經有了社群經濟的存在。例如無數網路平臺，都具備發展出社群經濟的可能。

只不過早期社群大都是基於共同的興趣愛好而形成的比較鬆散的群體，更注重精神層面的交流。再加上技術設定、平臺導向、網路生態圈等方面的限制，社群的經濟價值並沒有被充分開發出來，仍然處於「新生」狀態。

網路社群最早可追溯到 BBS（Bulletin Board System，

電子布告欄系統／網路論壇），是基於區域、興趣等形成的社群，透過發文和留言的形式來交流。後來的網路社群透過SaaS（Software-as-a-service，軟體營運）模式將BBS分散式營運，並把BBS社群模式推向了高峰。

但是，BBS模式的線性互動機制使它的聚集點在內容而非人的層面上，無法滿足人們越來越個性化的需求，使用者活躍度逐漸下降。同時，其過濾機制會把偶爾的商業嘗試當作垃圾貼文處理掉，無法突破營運瓶頸。因此，BBS模式有社群卻無經濟。

有些平臺主要是透過興趣將使用者聚合起來，同時，它們相對開放性和自由性的特徵，讓興趣群組具有了高黏著度，使用者流量和活躍度相對比較穩定。只是基於這些平臺屬於興趣導向的商業化嘗試，規模都不是很大，也不足以推動社群經濟的崛起。

之後出現了一些基於周圍關係網的社群平臺，它們極大地擴展了社群網路的影響力，並將越來越多的人整合進網路社群平臺之中。但是，這些平臺同樣沒能創造出可以充分挖掘社群經濟價值的產品模式和生態機制。

因此，不論是BBS、藉由興趣來聚合使用者的平臺還是基於周圍關係網的社群平臺，最大的貢獻是將網路社交滲透到了社會生活的各個方面。但是它們都沒能孕育出足夠成熟

的社群經濟模式。Facebook、Twitter 等平臺的出現，成為社群經濟破殼而出的關鍵：

利用 Twitter 發明的追蹤按鈕，重構了社群網路的互動模式。單向、雙向的可選擇關注模式，滿足了更多個性化的需求，將社會菁英整合進了社群網路中，也使其更接近於現實中的人群結構和訊息流動模式。這種社群網路版圖的重構，將線上線下緊密地連繫了起來，為社群經濟的真正崛起創造了條件。

可以說，追蹤按鈕的可選擇關注模式，重構了網路社群中的連線方式，讓人、資源、資訊之間的價值流動更緊密地與現實領域連繫起來。每個人都可以基於自己的特質找到適合的社群，並透過連線產生經濟價值。

因此，正如上面提到的，許多企業的成功是多種契機共同作用的結果。網路行動終端智慧化，社群網路的移動化和社群化，以及 B2C 電商模式的成熟，最終使「社群經濟＋電子商務」產生了巨大的商業經濟價值。因此，社群經濟可說是網路時代的經濟學。

▍社群經濟不是網路泡沫

網路時代是一個資訊極大膨脹、創新層出不窮的時代，人們的注意力也總是很容易轉移。這種現象反映到商業領

域，就是很多企業和產品快速地爆紅和衰落。這種現象在行動網路時代已經屢見不鮮，很多看似迎合網路化浪潮的創新產品和模式，在受到最初追捧後又如泡沫一樣消失在人們的視線裡。特別是社會大眾容易跟風的慣性行為，更是極大地突顯了這種快速爆發和覆滅的場景。因此，人們似乎有理由質疑：社群經濟模式是否也會像那些現象一樣，只是陽光下看似美麗的泡沫？

答案當然是否定的。以往的網路泡沫，主要是因為企業只是把網路當作一種工具，集中於產品行銷層面。再加上資本的過度追捧，大大超過了當時網路市場的消化能力，使得「供」遠遠大於「需」，造成了供需之間的衝突和緊張。

今天，行動網路已經滲透到社會生活的各方面。可以說，不論是人們的生活、學習還是工作、娛樂，都已被網路連線起來，融入到了網路社群之中。這些都為社群經濟的崛起提供了十分廣闊的市場空間。

同時，電子商務的不斷發展和裂變，也在重構著人們的消費心理和行為，並獲得了廣泛的認同。電子商務帶動了不同領域的產業革命，實現了人與人、人與物的連線，產生了巨大的經濟價值。因此，不論是參與還是自己建構社群經濟生態鏈，行動網路時代企業的發展都離不開社群化模式的轉變。

產品需求的社群化，促使著企業研發模式、生產模式、行銷模式等各個環節的變革重構。社群經濟反映了網路的連線價值，是行動網路經濟時代到來的象徵。

如今，許多企業為了迎合行動網路時代社群經濟的崛起而推動專屬於自己企業的平臺，而隨著基於行動社交方式對社會影響的加深，任何企業和個人都無法忽視社群經濟帶來的巨大創造力和價值。

過去是把人群物質化，社群經濟是人本的回歸

工業社會是一個物質化的時代，人們享受著汽車、別墅、美食、旅遊等帶來的舒適和便利，但也不可避免地承受著由此帶來的擁堵、汙染、安全等各種問題。人類文明史從某種意義上說就是一部工具的進化史。但是，當工業文明的巨大成就帶給人們物質上的滿足時，也在悄然吞噬著人本身的存在。人的時間、健康、親情等一切感性衝動都被物化了，人們已經迷失了自我，被束縛在了物質的「囚籠」之中。

隨著以網路浪潮為代表的訊息革命的到來，人們越來越注重自我個性化的彰顯，工業時代的線性需求供給模式，已經遠遠無法滿足多元化和個性化的市場需求。基於行動網路社交的社群經濟，順應社會發展回歸人本的趨勢，是網路時代人本主義回歸的表徵。

如果說過去的社會發展模式是人與社會的物化過程，人本身被解構，被結構化和數據化，那麼，社群經濟就是人本的回歸，是將人重新拉回了中心位置。不論是以 Airbnb、Uber 等為代表的共享經濟，還是以蘋果、三星等為代表的粉絲經濟，以及團購之類的 C2B 電商模式，都是社群經濟下以人為中心，讓技術、數據、管理圍繞人來運作的創新形式。

可以預見，隨著行動網路對社會生活各方面的滲透，隨著人們對個性化等人本因素的愈發重視，社群經濟必將煥發出越來越強的生命力和創造力，甚至帶來新一輪的網路革命。

變革藍圖是什麼，如何抓住未來？

既然社群經濟如此重要，又是如此地具有顛覆性，那麼，如何進行社群化轉型，抓住社群經濟發展的紅利和機會，就成為行動網路時代企業變革的關鍵問題。

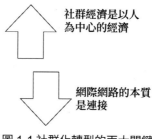

社群經濟是以人為中心的經濟

網際網路的本質是連接

圖 1-1 社群化轉型的兩大關鍵

（1）社群經濟是以人為中心的經濟

企業要以使用者為中心建立服務和產品模式，採取柔性化、動態化和個性化的營運。同時，還要積極利用大數據、雲端計算等新型智慧化平臺和技術，努力建構或者參與進社群生態鏈中，利用生態系的優勢增強自身的核心能力。

（2）網路的本質是連線

社群經濟模式是將連線的經濟價值充分挖掘出來，用技術、數據、情感將人與人、人與企業、人與興趣等連線起來，實施價值再創造。例如：電商就是把買賣雙方連線起來並產品化；Uber 也是把計程車和乘客相連線並產品化。

從這種意義上說，社群經濟其實並不需要像工具化時代那樣去發明汽車和燈泡。對企業來說，更重要的是連線起不同時空場景中的人、物和訊息，在以往工業化成果的基礎上，透過連線達到價值的再創造。

▎什麼是「社群粉絲經濟」：

社群紅利時代的商業核心驅動力

　　在網路發展的時代背景下，誕生了「社群經濟」這樣一種「部落化」的經濟形態，並且引發了網路行業的廣泛關注。「邏輯思維」應該是社群經濟的最早定義者和實踐者，同時也是趨勢最明朗、發展最成功的一個。

　　社群是什麼？社群在未來商業社會中扮演什麼角色，發揮什麼功能？關於社群的這些困惑，我對其進行了一些思考，希望能對大家有所啟示。

▎問題一：什麼是社群？

　　事實上，社群這個概念很早以前就已經存在了，建立在血緣以及地緣基礎上的村落就是一種典型的社群。社會學家認為：鄉村所形成的社會結構是建立在血緣基礎上的類似同心圓形狀的圈層組織，族長是整個圈層組織的中心，鄉村裡的其他成員按照親疏關係依次排列，並構成了一種差序格局。

▌問題二：網路社群是怎樣形成的？

電腦網路時代也出現了很多社群，但這些主要是社群，並不是真正意義上的社群。

在 PC 時代，網路在我們生活和工作中扮演的是一種工具的角色，我們線上使用網路的時間長短會受到外在硬體條件的影響。而隨著行動網路的遍布以及行動智慧終端的不斷普及，行動終端開始變成我們生活甚至生命中的重要組成部分，只要有行動網路的地方，我們就可以實現隨時隨地上網，行動網路的應用為傳統的人際關係帶來了顛覆性的變化。

行動網路所帶來的這種顛覆性的變化，可以用「返祖」現象來描述。簡單來說，就是現代人們之間的人際關係回歸到了傳統的村落時代，就像是好友圈的關係一樣，朋友或朋友的朋友都因為某種或近或遠的紐帶而連繫在了一起。就像是在村落時代，一個村落裡的各個成員就算是關係不熟，但是如果追本溯源的話，總能找到些許的連繫。

▌問題三：社群與社交的區別

很多人容易將社群與社交這兩個概念混淆，兩者之間的概念界限也比較模糊，因此在這裡我舉兩個比較具體的例子來幫助大家區分社群及社交。

★ 社群：以「鹿晗粉絲團」為例，粉絲是因為喜歡鹿晗才集聚在一起的，並且一起關注和支持鹿晗，粉絲之間並不一定認識，這就是社群。

★ 社交：許多興趣社團裡的成員，雖然彼此之間不一定都見過面，但是大家都相互將對方當作自己的朋友，並且以朋友來相待，這就叫社交。

問題四：構成社群的基礎

社群的基礎應該有以下 3 個組成要素。

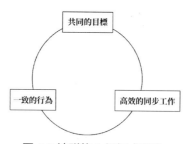

共同的目標

一致的行為　　　　　高效的同步工作

圖 1-2 社群的 3 個組成要素

★ 共同的目標：大家因為一個共同的目標而聚集在一起，這是構成社群的重要基礎。

★ 高效的協同工具：在高效的協同工具的支撐下，社群可實現高效率運轉，同時社群成員間也能夠實現良好的協同。

★ 一致的行動：共同目標的指引以及高度的協同工具的使用，可以讓社群成員間的行動變得更加一致，從而促進整個社群的穩固。

問題五：粉絲經濟是社群經濟嗎？

很多人在談起社群經濟的時候，都將其理解為粉絲經濟。事實上，粉絲經濟並不是社群經濟。每一個品牌要想走得更長遠，就需要有自己的粉絲，但是如果品牌單靠粉絲來支撐的話，那麼粉絲與品牌的忠實使用者就基本沒有區別了。

只有將顧客變成使用者，將使用者發展成為粉絲，將粉絲發展成為朋友，才能構成一個品牌的社群。不管在哪個時代，哪一種商業社會，企業都將社群當作一種終極目標，只不過一直以來大家都是在極力追逐，卻並沒有真正看到社群的影子。

而在行動網路時代，出現了 Facebook、Twitter 等社群媒體這樣高效率的協同工具之後，社群才真正開始走進人們的視野，並開始在商業社會發揮其重要的價值。一個擁有社群的品牌不僅競爭實力會得到極大的提升，同時其知名度和影響力也會得到大規模擴散。

問題六：每一個品牌都應該有自己的社群嗎？

對於這個問題，答案是肯定的，關鍵在於並不是所有的使用者都可以成為品牌社群中的成員。

前面提到，遠古時代的村落就是一種社群，但是村落中的成員是有限度的。例如，星巴克有 3,300 萬粉絲，這些粉絲以某一個店為中心構成了不同的社群，但是星巴克所有的粉絲加起來並不是一個大社群。

問題七：人格魅力個體對社群的意義

某些企業領導者的態度以及主張會構成人格魅力個體，而粉絲正是因為對其主張的認可和支持才集聚在一起的。一個有調性的產品在一定程度上也有利於對人格魅力個體的塑造，例如蘋果手機，積極塑造自己的人格魅力個體，從而更好地吸引粉絲，為自己的品牌建立社群，從而更好地支撐品牌的發展。

在行動網路的影響下，媒體遭到了不同程度的解構，每個人都可以成為媒體，因此任何有魅力的人和事就更容易突顯出來。

▌問題八：企業應該怎樣建立自己的社群？

對於企業來講，要做好自己的社群，應該做好兩方面的內容：一個是產品，另一個則是做好宣傳、傳播工作。

如果企業的產品不能做到極致，那麼就很難長期吸引和留住使用者。一些企業憑藉有態度、貨真價實且有內涵的追求而獲得廣大使用者的歡迎，並對人們的工作和生活產生了巨大的影響；例如星巴克憑藉其做到極致的咖啡獲得眾多消費者的青睞。

當然，做好了產品和體驗之後，還有重要的一步就是傳播。很多人在一聽到「傳播」兩個字的時候會產生一種天然的排斥，將有效的傳播手段當作一種投機取巧，認為只有做好產品才是王道，並靜靜地等待別人來挖掘。不管是在大眾媒體時代還是行動網路時代，這樣的觀點都是錯誤的；一旦堅守這樣的觀點，不管產品和體驗多麼極致，只要沒有人知道，就難以在商業領域生存。

網路時代所追求的流量也不過是一種變相的廣告，而今隨著行動網路時代的到來，流量紅利時代已經成為過去時。事實上，並不是打著電商的旗號就順應了網路的潮流和趨勢、開發社群媒體系統就等於進入了行動網路時代，對於那些只會在線上賣貨的電商來說，它們依然沒有擺脫傳統企業的標籤。

問題九：社群是社群紅利時代的商業驅動力

行動網路的發展以及行動智慧端的不斷普及，將人們帶入了一個社群紅利時代，在新時代面前，誰能掌握社群，誰就能在傳播中占據更多的優勢，掌握更多的商業先機。不論如今當紅的企業未來會怎樣，至少從現在來看，它們是掌握了行動網路社交的人，便可能會搶占更多的有利時機。

在行動網路時代，要想牢牢抓住使用者，就要將他們當作朋友，與之平等的對話和溝通，這一過程就是社交。與使用者建立起比較密切的連繫之後，下一步就是將他們發展成為自己的使用者，從而將其轉化成實際的收益。

問題十：做企業服務需要搞社群嗎？

面向企業的服務也會逐漸發展成為社群商業，只不過這個過程比較漫長。企業群體是一個相對比較理性的組織，因此在決策的時候不太容易受情感因素的影響；但是只要面向客戶端的服務，利用社交做好宣傳傳播工作是企業未來必備的功能。

▋社群引領未來：
舊商業形態的瓦解與新商業形態的崛起

　　以社群的概念全面闡釋新媒體的本質，以新媒體作為社群本身，未來許多社群媒體平臺將會成為一個融合型的場所，具有「類交易」的性質，創業者在其中可以找到品牌、資金、客戶、傳播管道等一切東西。這種機制最大的意義在於可以幫助人們最大化地釋放自己的商業天賦，而這種模式其實也就是社群商業藉助於新媒體的一種展現。

▋商業在未來的發展場景

　　未來商業的三大發展趨勢。

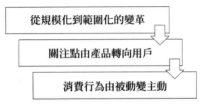

圖 1-3 未來商業的三大發展趨勢

（1）從規模化到範圍化的變革

工業發展已有百年歷史，其背後所蘊含的邏輯是一樣的，那就是「標準化」、「規模化」和「生產線」。傳統工業依靠這一套流程和動力優勢在相當長的時間內占據著絕對強勢的地位。現如今，工業生產與科技掛鉤，尤其隨著資訊時代的到來，網路技術發展迅速，社群網路的覆蓋面積越來越大，單純依靠傳統工業無法取得絕對優勢。

未來經濟的發展將會與社會群體緊密結合，「矩陣」僵化模式被打破，而會進一步擴散，向「網狀」模式發展，這種轉變從根本上打破了傳統發展的固化思維，具有革命性的意義。

傳統工業發展的邏輯使得工業產品的數量有相當保證，但相應的，品種數量少、種類不齊全是其無法避免的硬傷。這種模式在未來經濟中可能會被完全顛倒過來，末端需求的至關重要將引起越來越多的人的注意，誰能提高在這一領域的掌控力，誰就能獲得更高的盈利能力。換句話說，網路經濟是一種範圍經濟，與規模經濟有著明顯區別。

以社群、粉絲為核心的規模覆蓋是未來商業發展的必然依託形式。規模生產的工業時代已經過去，未來是社群邏輯的天下。而相應的，傳統的行銷形式也變得意義不大，就好像你不需要去解釋你是什麼，就像需要解釋的不是「蘋果粉絲」一樣。

自限範圍對於企業來說是很重要的一個概念，在這一概念之下，企業可形成多品種開發的可能，形成全方位的競爭優勢。如若不然，企業本身將沒有核心粉絲社群的優勢，這就意味著在網路時代無法站穩腳跟。有人認為，網路時代人們習慣於小圈子的專注和牢固，對一件東西若喜歡便忠心耿耿，若無感則不理不睬。這樣形成的不同社群也是企業在網路時代發展的立足點。

（2）關注點由產品轉向使用者

商業形態也在隨著網路的出現而發生變化。在傳統模式下，企業和消費者的行為都是以產品為核心的，企業注重於產品的生產，消費者則需要到門市去選購商品。而在網路時代，人們可以藉助線上流程在家裡完成購物，各個電商平臺也都逐漸學會針對使用者的需求來策劃商業活動。雙方的重點都在從「物」轉移到「人」，這也就有力地證明了一個觀點：未來經濟的發展是基於「人」而非「產品」。

索尼公司（SONY）創始人出井伸之對於索尼衰落的原因做出了深刻的剖析，他認為新一代的企業很好地依託網路基因來發展自己的新技術和新模式，在此基礎上更加深入地接近消費者，了解消費者的需求，站在消費者的角度思考問題去設計與生產商品。而在這樣的浪潮下，傳統企業只能淪為新興企業的附庸，發展空間狹窄。其衰落的根源並不在於

管理，而是在沒有抓住網路的跳板躍入「新紀元」。

新一代手機企業與傳統手機行業最大的不同還是要追溯到其網路元素上。透過網路新興銷售模式，直接銷售產品的方式不斷弱化，它們更注重的是把產品當作籠絡使用者的一個集合點，建立與使用者之間的互動關係，透過這種不斷的互動在使用者中持續創造價值，從而產生收益。

對於新一代手機企業而言，它們的中心並不是產品，而是依靠產品聚合起來的使用者，其背後的本質是對使用者的經營，也就是粉絲經濟在產生效應。

（3）消費行為由被動變主動

C2B 是社群經濟的商業形態。在這種商業形態中，品牌與消費者的關係發生轉變，二者由價值的單向傳遞向雙向互動發展。換句話說，也就是消費者的「參與感」不斷加強。

新一代手機企業一直致力於提高使用者的參與感，這也是其成功的祕訣。那麼，為什麼憑此便可獲得成功呢？在社群經濟模式下，品牌的口碑是由使用者所不斷傳遞和認可的，並非品牌自己所營造。品牌形象的樹立是透過使用者一次次地使用體驗和評價而建立起來的，這是雙方之間互動的結果。

在如今的經濟時代，消費者實際上就是品牌的傳播者。所以產品要想營運成功，企業就必須讓消費者參與到品牌的

傳播過程中去。尤其是西元 1980 至 1990 年之後的消費族群所占的比重越來越大，他們對於產品的個性化要求越來越高，也希望自己能夠參與到產品的設計中去，從而彰顯自己的個性。那麼企業要想抓住消費者，就要時刻密切注意消費意識的變化。

社群商業：內容、社群、商業的結合體

如果說把流量看作是消費者和使用者的統稱，那麼在消費行為完成的過程中，內容是導入流量的入口，它具有媒體屬性；社群則是組織性模式，具有積累流量的作用；商業則是企業與流量之間的互動，從而實現流量價值的環節。

圖 1-4 社群商業：內容＋社群＋商業

簡單來說就是使用者因為工具、內容等聚合，透過社群內互動活動來積累凝結，最後透過交易來滿足需求。

（1）內容：媒體產生傳播效應

隨著網路尤其是行動網路的出現，人們之間的社交關係越來越頻繁，隨之而來的就是訊息傳播的效率大大提升。從

另一個角度來說，每個人都是一個移動的媒體，在這種狀態下，優質的內容是很容易產生廣泛傳播效應的。

在資訊時代下，產業就是媒體，人們的目光彙集之處極有可能就是下一個可以發掘的價值點。與以往單純聚焦產品不同，現在企業的整個生產經營過程本身就是具有符號意義的媒體活動，從產品最初的研發、生產，到包裝、物流，最後到銷售環節，每一個環節都是在和消費者或潛在的使用者進行訊息的交換。

產品也好，環節也罷，這些都是媒體，都可以作為流量的介面，如蘋果手機的一切產品、可口可樂（Coca-Cola）的包裝等。如今企業媒體化已經漸漸成為不可逆轉的趨勢，每個企業在注重產品的同時，也應當注重形成自己的媒體屬性。

但應當注意的是，媒體屬性的培養絕不意味著廣告等大量訊息的機械式灌輸，只有做到媒體產品化才能夠發揮其真正的價值。企業實現持續發展依靠什麼？不斷累積的口碑。而在新媒體格局下，只有激發消費者的參與感，建立能令其產生歸屬感的社群，才是引爆口碑的關鍵點。

所以歸根結柢，培養消費者的認同感才是關鍵。

（2）社群：關係形成管道

在傳統工業時代，企業需要盡可能地擴張門市以擴大與消費者的接觸範圍。如今，空間的限制被網路打破，人們在

家裡動動手指便可以買到所需的商品。那麼這一轉變就必然帶來企業競爭關鍵點的轉變──由搶奪「空間」轉為搶奪「時間」。

這裡所指的「時間」也就是使用者的關注情況。品牌的戰鬥陣地隨著使用者向社群網路、行動網路的轉移而轉移。線下的實體途徑漸被線上的社會關係網路所取代，如 Facebook、Twitter 等。

例如：蘋果手機有愛好者聚集社群，並時常舉辦線上線下的互動活動，「果粉」們透過論壇和活動可以對蘋果產品的改進和更迭不斷地提出建議，既能使蘋果從中掌握消費者的需求，又在無形中為蘋果的口碑做了宣傳。

現在我們所談論的社群，是指如蘋果手機的粉絲社群一般的網路社群。他們實際上是一群蘊含著極大消費潛能的消費者，因為具有相似的產品需求、價值、愛好等而形成固定的群組。其沒有固定的中心，邊緣也十分分散。

社群內的活躍粉絲便可組成社交鏈，每一個粉絲所擁有的好友便是其傳播涵蓋範圍，更何況這些人大部分還是活躍的年輕人，堪稱是未來市場的中流砥柱。那麼接下來如果能夠從自媒體出發，把其發展成為超級社群，而後反作用於電商，其中蘊含的商業價值是不可限量的。

(3) 商業：重視體驗的營運環節

　　社群不單單是為了吸引粉絲的興趣，其背後有一個龐大而複雜的商業圈。以網路為載體，商業生態圈跨越地域與時間，其所要實現的根本價值在於實現圈內消費者的不同需求。

　　以賣房為例，房子只是主要產品，而房地產商所提供的附加價值就有利於形成一個商業的生態封閉系統，如提供學校、購物場所、休閒娛樂場所等。

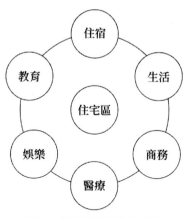

圖 1-6 住宅區商業生態系統

　　在這種商業邏輯的參與下，不少房地產商和物業公司都開始改造傳統模式，來打造網路時代下的家居新玩法。以住宅居民為中心，全面打造立體化的生態圈，社群商業模式逐步建立。這種生態形式天然健康，利益出發點多，有利於多方雙贏。

　　例如某些雜誌原本是一家媒體平臺，如今正朝著創業服務平臺轉型。其盈利模式十分清晰：以雜誌和網站的平臺為載體，積累聚合大量的創業者以及相關群體，最終建立專屬於該雜誌的社群組織。待發展相對穩定之後，舉辦原創競賽或課程，透過收取門票和學費以及向投資人收取一定仲介費等來創收。

　　有別於傳統媒體形式的「體驗＋廣告」的環節，新媒體形式下更注重於內容、使用者和關係的營收模式。這種模式最初可能只是一群興趣和需求相近的群體聚合在一起參與一些互動活動，但在後期，群體會很快轉化成資源，從而實現商業化以產生營收。

　　社群作為介面，能夠使得被內容所吸引並透過切口進入的流量積累下來，為接下來的商業化打下基礎，而商業化則是尋找利益點來進行商業轉化。三者在社群經濟模式中是一體化的，因為其內含相同的商業邏輯。未來的商業必然要打破傳統的以產品、廠商為核心的格局，轉而向人和社群轉變，讓使用者占據主要位置，以數據作為驅動。這種 C2B 的商業形態未來將大展拳腳。

▌網路社群的價值：

社群經濟的演變、分類、屬性與趨勢

　　網路極大地衝擊和重構了社會傳統的商業模式和合作方式。行動網路時代的到來，大大改變了人們之間的連線方式。人們突破了時間和空間的限制，可以在不同的時空場景下做到隨時隨地連線。這種連線方式的轉變也重構了「社群」這一古老的概念，讓其在「網路＋」時代有了全新的內涵，煥發出新的生命力。

　　而基於網路而出現的「社群經濟」、「社群媒體」等新名詞，也逐漸獲得了越來越多的關注和認可，並對現有的商業模式產生了顛覆性的衝擊和變革。

　　社群形成的前提是人的聚合。隨著人們對網路社群認知的深入，社群不斷地成熟化和規範化。尤其是最近兩年，行動網路的快速裂變，使行動社群迅速興起，使用者社交行為由 PC 端向行動端轉移。

　　「開放」、「連線」與「共享」成為行動社群時代的精神坐標，龐大的移動使用者群體讓小眾的產品和服務也能夠找

到自己的興趣社群。這些連線方式的新變化，必然會對未來的經濟發展趨勢和商業模式產生顛覆性的影響。

社群的主要分類及占比

社群是基於共同的目標、利益、興趣等要素聚合起來的不同個體。按照社群的基本屬性，當前的主流社群主要包括電商類、體育類、科技類、娛樂類、社會類和文化類。透過網路平臺，這些社群不斷將具有不同興趣和需求的個體連線起來，形成具有某種同質化屬性的網路群體，並對企業乃至整體的社會運作產生影響。

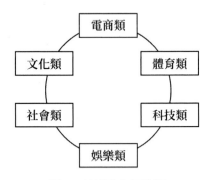

圖 1-8 社群的主要分類

根據統計數據，由明星粉絲和遊戲使用者聚合成的娛樂類社群是當前網路社群的主導類型，占了 36%；其後是電商類和文化類社群，分別為 18% 和 15%。

這其實很容易理解。首先，隨著經濟的巨大發展，人們的消費需求開始更多地向精神層面傾斜，例如電影、遊戲等娛樂性消費社群的增多，以及促進自身發展的讀書會等文化性社群。其次，電商企業是隨著網路平臺和技術的發展與普及而成長起來的，因此對網路的任何變化都最為敏感。近兩年，基於新興社群媒體的行動社群迅速興起，使電商更加注重在社群經濟領域的競爭。

社群成員的基本屬性

透過分析社群成員的基本屬性，可以更好地了解不同類型的社群成員有哪些共性特質，從而讓企業能夠依據成員特點更具針對性地施行社群行銷，實現社群經濟的轉向。一般而言，成員的基本屬性包括性別、年齡、文化程度和收入水準4個方面。

（1）性別構成

當前構成網路社群的人員中，男性占據了60%，大大高於女性的40%。這說明了男性的社交行為更活躍，參與度相對較高；女性的社交行為比較低，更多地是在閒暇之餘尋求共鳴，獲得家庭之外的群體歸屬感。其實，這也與社會對不同性別角色的塑造和期待有關。

在當前社會中，對男性的角色塑造是更加社會化的，積極、活躍，具有高參與性和熱情；表現在社交行為上，就是能夠參與到不同類型的社群交流中。相反，社會對女性的角色塑造更偏向於家庭化的，內斂、平靜，將更多的時間和精力投入到家庭而非社會上；表現在社交行為上，就是較低的參與度，或者僅僅參與一些十分有限的興趣社群。

（2）年齡分布

網路社群崛起的前提是人們可以隨時隨地線上連線，而這顯然是以手機等行動智慧終端裝置的普及和行動網路的發展為基礎的。因此，網路社群以及由此衍生的社群經濟、社群媒體等概念，都是近兩年才真正興起、普及的。

網路社群成員的年齡分布，主要集中於 25 到 35 歲（42%）和 35 到 45 歲（29%），呈現出年輕化的特點。這主要是由於年輕群體對新事物充滿好奇心，更易於接受行動網路這種新型的連線方式。同時，這兩個年齡層的群體是社會發展的主要推動力，有足夠的經濟能力體驗新型的智慧終端裝置和行動通訊服務。

（3）學歷分布

網路社群的迅速發展，是以行動通訊技術和移動智慧終端的發展與普及為前提的。因此，社群成員大多是對這些領

域有過一定接觸和了解的群體，而且有著較強的學習能力，能夠快速適應不斷更新換代的行動智慧終端裝置和通訊服務。這些因素，要求社群成員具有較高的能力素質，具體表現為學歷分布情況：社群成員以高職和大學學歷為主，分別占了 45.2% 和 30.7%。

（4）收入構成

從收入構成上看，網路社群成員以中產階層為主，主要由企業白領和中層管理者組成。

一方面，高收入群體往往有著自己特定的社交圈子，且具有排他性。相比之下，中層收入者有著更為強烈的社交欲望，希望透過融入不同的社群來擴大社交範圍，以滿足生活、心理、工作等各方面的需求。另一方面，相比於低收入群體每日為生存奔波，中產階層也有著足夠的時間和金錢來參與社交活動。最後，中產階層群體不斷擴大，使這一階層的成員可以很容易找到自己期望的社群。

上述分析了網路社群的發展歷史、社群類型以及社群成員的基本屬性。可以看出，隨著行動網路技術和智慧終端裝置而迅速發展起來的社群，是網路時代人們交流溝通的必然趨勢。而由網路社群衍生的社群經濟等新經濟形態，也有著巨大的商業價值，並對企業的傳統商業形態產生顛覆性的影響。

當然，網路社群畢竟是近兩年才崛起並迅速發展起來的，不論是行動通訊提供商還是使用者本身，都處於摸索階段，因此也不可避免地會產生各種問題。其中，社群的同質化和成員的活躍度，是當前比較明顯的兩個問題。

一方面，很多社群的功能具有同質性，不能有效地滿足使用者的不同社交需求；另一方面，當前網路社群中成員的整體活躍度很低，不能充分發揮出社群的社交功能。因此，如何開發出能夠滿足不同需求的功能多元的社群平臺，並以各種方式提高社群成員的參與熱情，是當前網路社群發展中首先要考慮的問題。

網路社群的發展趨勢

網路社群是「網路＋」時代的主要特徵之一，蘊含著巨大的商業價值。分析網路社群的發展趨勢，有利於更好地挖掘行動網路時代社群的經濟價值，推動企業乃至整個社會經濟的社群化轉型。

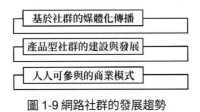

圖1-9 網路社群的發展趨勢

（1）基於社群的媒體化傳播

網路的本質是連線，網路企業也主要是透過對人、物、訊息的連線獲得巨大的商業價值。因此，訊息的傳播對企業來說就變得極為重要。

在行動網路時代，新媒體的普及改變了人們的連線方式，訊息的高效化、碎片化和社群化傳播成為主流方式。社群是基於某一方面的共性而聚合起來的人群。因此，基於社群的訊息傳播，不僅可使企業更具針對性地實現社群行銷，還大大節約了企業的訊息傳播成本。同時，社群本身的傳播屬性也使企業能夠更容易實現口碑行銷。

（2）產品型社群的建設與發展

新一代手機企業的成功，展現了「網路＋」時代粉絲經濟和社群行銷的巨大價值，也使越來越多的企業開始轉向產品型社群的建設和發展。「參與感」、「價值認同和歸屬」等概念得到了越來越多的認同。

就本質而言，產品型社群就是把粉絲變成消費者，把消費者變成粉絲，其最終目的是擁有一批有著極強情感認同的高黏著度使用者群體。因此，不論是讓使用者參與進產品的創意設計，還是在新媒體社群中與使用者積極溝通互動，都是為了培養消費者對產品的價值認同和歸屬感，使產品始終都有一批高黏著度的使用者群。

（3）人人可參與的商業模式

社群是散落於不同時空場景中的個體圍繞某一個或幾個方面相同或相似的價值觀聚合起來的。其中，成員間的緊密的連結和高度的互動往往能夠產生出巨大的經濟價值。

以產品型社群為例。它把消費者變成了粉絲，讓他們參與到產品的設計和創造中來，使社群中的消費者成為創造者。同時，基於價值認同的眾籌模式，又讓成員可以參與到產品的商業運作之中，從而又成為投資者。

總之，社群的發展極大地挖掘了網路的連線價值，也使人人可以參與的社群經濟成為現實。在這一商業新形態中，生產者和消費者的界限消失，投資者、創造者和使用者相互融合，並透過網路連線一切的本質創造出巨大的商業價值。

▎重塑「粉絲社群」：

如何建構一個有價值的活躍社群？

　　經營者應當明確社群定位，以使用者的需求特徵及情感導向為依據來規劃。若是經營者本身都不清楚社群定位，那即使他們成功吸引了一些人，也是烏合之眾。

　　西元 2015 年，各式各樣的社群湧現出來，這說明包括社會公眾人物、傳統商家及網路企業在內的眾多應用者都意識到了社群經濟的重要性。需要明確的是，社群必須有明確的定位，不然容易出現聚集起來的使用者如一盤散沙的現象。

▎電商平臺衰落，社群經濟迅速興起

　　行動網路還在快速發展，許多以網路平臺為基礎的 O2O 專案如雨後春筍般出現，這對在電腦網路下發展起來的電商企業造成了很大的衝擊。許多使用者不再滿足於他們的服務，使得他們不得不降低價格來獲取競爭優勢，有些商家甚至出現入不敷出的情況，但即使消耗了大量成本，也並未挽回自己的競爭地位。還有一些商家迫於激烈的競爭，最終鎩羽而歸。

長期以來，「搜尋競價」在 B2B 企業的宣傳和行銷中的地位不可撼動，如今，這種方式的作用在逐漸降低，有很多使用者轉移到了行動端，也有的使用者被其他功能吸引。所以很多商家都表示這種宣傳方式產生的實際影響少之又少，連成本都很難收回。微商雖然發展得很快，但其行銷和代理模式使人們很反感，成為很多專家的批判對象，最終這種方式還是沒有晉升為主導地位。

而另一方面，社群經濟受到了越來越多人的重視，如上述所說，到了西元 2015 年，各式各樣的社群湧現出來，很多公眾人物、網路企業和傳統產業以及很多社會機構都意識到了社群經濟的重要性，想要以此來獲得長遠發展。

社群的本質是一群志同道合者的聚焦

企業應該透過什麼方式才能使社群成功運轉呢？有不少經營者為了做好自己的社群，聘用了專業的運作人員，並開通了自己的社群媒體帳號，也透過社群網路來推廣，然而效果卻不是很好，並未累積大量的使用者，只有少數的會員會在社群中發表自己的看法，大多數的使用者只是把它當作廣告推廣的平臺。

在建設社群中應當注意什麼，又如何保持社群的活力呢？從根本上來說，社群是志同道合的人彙集在一起，價值

營運是其中心，能否使社群中的人員心甘情願地去付出是評價這個社群好壞的重要標準。彙集在一起的一批人有可能發揮出巨大的能量，也有可能一事無成，這取決於社群的人員構成和他們所做的事，而在建構社群之前先要做好定位。

在行動網路不斷普及的今天，那些在傳統經營模式下的定位方式已經不適合當前的企業發展了，網路思維倡導跨界，鼓勵網路化的發展模式。從社會學層面上來看，社群由一批在人格品質上具有共同點的人組成，因此社群沒有統一的標準，也沒有規模限定，而是要有自己的獨特性，重要的是在建構社群時要做好自身的定位。

要幫社群定位，第一步就要了解社群有哪些分類。某脫口秀主講人把社群劃分成兩種：利益性社群及情懷型社群。主講人對情懷型社群的解釋是「硬碰硬自己取悅別人」，在他看來，從根本上來說，新媒體就是社群。一個社群繼續發展下去，可能會像一個交易所一樣，能夠對創業者的發展造成重大的影響，創業者可以透過它來獲取資金、建設品牌、吸引使用者、開拓宣傳管道等，換句話說，在類交易所機制的影響下，每個人身上能夠進行商業化開發的特性都能得到充分的發揮和利用。

這裡所說的「類交易所機制」，可以歸類到社群商業中。某網站的建立者把社群都歸到「產品型社群」這個分類

中，他認為那些透過媒體平臺聚集粉絲的明星偶像和公眾人物都是產品型社群的一種，當然這裡不包括傳統經營模式下生產出來的商品。

　　產品價值等同於其功能價值和情感價值的乘積。如今，在功能上滿足使用者的需求是產品的基本標準，需要在情感上增強使用者的依賴性，這需要聚焦於產品的管理環節、行銷環節和體驗環節，乃至在制定和規劃時就要將這一點包含在其中。如果企業可以建構自己的社群並保持其活力，把行銷與產品結合起來，把粉絲與使用者合為一體，就能開拓出更多的盈利管道。

如何建構一個有價值的活躍社群？

　　依據載體的不同，可將社群劃分為服務型社群、產品型社群和自媒體社群三種；依據其範圍的不同，可將社群劃分為產品社群、品牌社群和使用者社群三種。產品社群是由青睞某產品或服務的使用者所組成的社群，那些具有自己特點的興趣群也包括在其中；品牌社群指的是某社群具有獨特的品牌化特徵；使用者社群圍繞的是使用者，不局限於某種產品或某類行業，它下面也有很多興趣群。

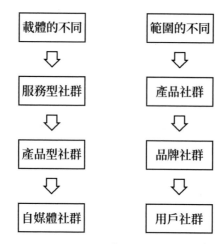

圖 1-10 社群的劃分

　　依據不同的標準有不同的分類，然而不管怎麼劃分，社群是由一批具有共同興趣、共同愛好的人自由創立起來的，所有的人都處在同樣的地位上，彼此之間相互交流溝通、相互鼓勵、共同合作，他們既能從社群平臺中獲益，也甘願為社群貢獻自己的力量。

　　社群是在一定的基礎上建立起來的，如果某人產生了建立社群的想法，那麼他需要考慮以下幾個問題：你的能力足夠去建立並營運好一個社群嗎？有哪些資源可以整合？

　　要知道，即使是那些已經赫赫有名的成功者，在他們剛開始建立社群時，也要整合一切能夠利用的資源，包括找人幫忙、不斷在公關環節碰壁卻只能硬著頭皮重新來過等。

★ 第一，產品本身的效能必須有保障，還要向使用者提供
全方位的體驗，而且該產品要能夠滿足使用者的剛性需
求，使用者或者在生活中經常使用，要不然就是會經常
購買，這是前提條件。如果在產品上達不到這個要求，
那就不要妄想能夠成功營運一個社群。

★ 第二，在社群的情感價值方面，建立者需要讓使用者感
受到他個人的影響力，或者是有靈魂人物作為引導。不
僅如此，還需要能夠吸引更多的使用者，要讓使用者在
情感上產生依賴。

★ 第三，在社群營運方面，要使社群保持活力，使社群成
員在經營者的引導下能夠自發地、有組織地去宣傳和維
護。這對營運者提出了很高的要求，需要專業人士來
營運。

★ 第四，在載體形式上，品質高的產品和服務可以作為社
群的載體，然而那些品牌社群不容易保持活力，情懷型
的社群也要以好的載體作為基礎。一些社群是針對於特
定的事物，例如圍棋社群、廚藝社群等，雖然有明確的
興趣指向，但也可能因此受限，有可能在社群壯大起
來之前就逐漸失去了活力；還有一些是以無形的事物為
導向的，這類社群不會受限，但是也要找到有形的載體
寄託。

★ 第五，在經營社群的方式上，在經營過程中需要藉助於
媒體去宣傳和推廣自己，這方面需要具有專業技能的人
士來策劃和運作，使社群中的所有內容都能夠獲得使用
者的青睞並帶動行銷，產生更大的影響力。

假如某人產生了建立社群的想法，卻沒有這幾個方面的
條件，那他的想法就無法實現，不過也可以選擇折中，如與
他人聯合建立社群或是投資等。

如何避免聚集大批烏合之眾？

不管社群針對的是哪種類型的使用者，都要知道使用者
的需求並了解其社交場景。從根本上來說，社群是一個小型
的生態系統，其形態具有部落化的特徵。社群透過恰當的營
運可以不斷壯大，如果能夠合理地利用網路平臺上的使用
者，就能在相當程度上保持社群的秩序性及活躍度。

但需要注意的一點是，不要只關注使用者的數量和規
模，這樣容易導致使用者享受不到滿意的體驗；要注重使用
者與社群之間的關係保持在高品質水準上，這也是衡量社群
的重要標準。

找到針對的使用者類型後，接下來需要做的是找到適合
的價值及情懷定位，根據使用者的需求及情感訴求，找到社

群的價值導向：是要幫助使用者學習知識、放鬆身心，還是堅定目標呢？在風格上，是想讓使用者覺得溫馨、優雅、文藝清新，還是宏偉壯觀呢？

要以使用者的需求特徵及情感導向為依據進行規劃，避免聚集的使用者成為烏合之眾。

在建立社群和進行拓展的過程中，需要依據建立者擁有的資源來選擇合適的策略規劃。是應當全力進攻以便一舉成名，還是應該從某個點切入，逐漸累積，亦或廣泛撒網，發展到一定階段後會在大範圍內產生深遠的影響？在開始布局社群時，是應當從建設生態系統的總體角度上入手還是應該循序漸進？這些都要考慮到建立者自身擁有多大的能力、才華、影響力及專業水準。

。另外，社群媒體使用者群也與網路思維的普及息息相關。在確定社群定位時，需要進行多方面的深入分析和考量，包括使用者的類型特徵、社群的價值導向、經營方式等，要在經營中依據並合理利用社會當下的發展趨勢，順時而動。

Part2

社群商業的革新與重構：
大連線時代的變革

▎新商業藍圖：

粉絲經濟時代的社群商業模式

　　社群，自有概念以來就一直平淡地發展著，直到網路時代來臨，社群才如魚得水，變得無處不在。在資訊得以高速傳播的今天，隨時隨地隨心的社交已經成為人們的日常，線上線下的界限已不再如以往般分明，社群已然融入了人們的生活並悄然改變著與人們息息相關的、固有的商業生態。就這樣，社群經濟應運而生，並順應時勢遍地開花了。

　　那麼，究竟何為社群經濟呢？其實，究其根本，社群經濟的重點仍然在於「社群」二字，因為我們在考慮這種全新的商業生態時，注意的是這個社群能夠創造出什麼樣的價值，而不是一味地追求經濟效益。

　　從概念上來看，社群經濟與之前出現的體驗經濟類似，都是一種經濟形態，只不過與網路有了更多的融合，有著鮮明的網路特徵，並一步步地改變著商業。

用社會資本建立社群

作為一個社會學概念，社群表現的自然是一種社會關係，而其營運乃至社群經濟實現的倚仗則是社會資本。

所謂社會資本，目前雖沒有一個普遍認同的定義，但其基本內涵是指社會主體之間的關聯，其表現形式多樣化，無形地存在於社會結構之中，有著十分重要的作用，西元1970年代以來得到了多種學科的關注。在社會學領域，法國學者皮耶·布赫迪厄（Pierre Bourdieu）是分析社會資本的第一人，憑藉其關係主義的方法論提出了「場域」和「社會資本」的概念。在他的理念裡，「場域」被定義為一個網路或構型，由不同的社會要素連線而成，是一個動態變化的過程，而造成這種變化的動力即為社會資本。

他認為，社會資本的本質就是實際或潛在資源的一個集合體。換句話說，就是指每一個個體所能擁有的社會關係的總和。正確、靈活地運用社會資本，能夠獲取更多的資源，創造更大的價值。

社會就如同一個巨大的網路，蘊含了多種多樣的關係，如果要對其深究的話，自然也有著多種多樣的視角。其中，非常流行的一種研究方法就是社會網路分析，主要關注的就是人們之間的連繫如何影響其行動的可能與限制。在此基礎上，弱連結理論與結構洞理論就出現了。

　　弱連結理論是美國社會學家格蘭諾維特（Mark Granovetter）提出的，意思是在一個人的人際關係網中，分為強關係和弱關係兩種，前者是指社會網路同質性比較強，後者則是異質性較強。通俗地說，強關係交往的人群是固定的，掌握的資訊趨同；弱關係交往的面比較廣，掌握的資訊有著差異性。由此，我們可以得出這樣的結論：弱關係在商業中的應用要優於強關係，因為它能夠帶來更多的社會資本。

　　結構洞則是指社會網路中的空隙，其理論看重的是個人在網路中所處的位置，因為這個位置與其能夠掌握的資訊、獲得的資源與權力息息相關。兩個個體之間無法進行直接的連繫時，就需要藉助第三個個體，而這第三個個體擁有更多的資訊與資源，也就擁有了更多的優勢。

　　在傳統網路向行動網路過渡的過程中，社群已然滲透到了社會生活中的各個角落，這無疑為人們拓展弱關係提供了一個更為便捷的方式。而透過社群，人們能夠更為自主地拓展自己的社群網路，在資訊、資源的互動方面有著更大的能動性（Agency），社會資本自然也有所提升，尤其是對於社群的建立者與營運者來說，其社會資本絕對不容小覷。

　　身為一個社群的營運者，追求的目標自然是其社群能有足夠的影響力以及巨大的價值。而社會資本的利用正是達成這一目標的重要途徑，只有擁有一定的社會資本並靈活運

用，才能聚集一眾粉絲並獲得其追捧與信任。

當然，僅做到這一點還是不夠的，社會資本若想向凝聚力、影響力轉化，還需要粉絲活躍度的維持，只有粉絲一直保持活躍，社群才能活躍。只有社群活躍了，那些有創造力的成員才能最大限度地展示自己並脫穎而出，並形成一定的影響力，進而創造出巨大的價值，產生良好的連鎖反應。

信任改造傳統企業

在社會資本的表現形式裡，信任占據著非常重要的位置，因為只有相互信任，社會成員才有可能緊密地連繫在一起。而這樣，其實就形成了一種信任的規範，在此範圍內，那些所謂的風險與不確定性都會得到遏制與降低，而社會效率則會透過合作、團結得到提高。

幾千年來，信任被根植於社會生活的各方面，並在各新興領域中不斷地延展，例如現代管理學。如今，對於企業組織來說，無論是對內還是對外的管理，信任都是必不可少的。在傳統企業中，資訊不對稱、競爭不透明的現象始終存在著，能改變其現狀的唯有信任。就像管理學大師彼得·杜拉克（Peter Ferdinand Drucker）說的那樣，信任才是組織建立的基礎。

　　信任，本就存在於各種關係之中，而且還是影響這些關係的一個關鍵性變數，無論是個體之間、組織之間，還是個體與組織之間，抑或是組織與社會之間，信任度的重要性不言而喻。這樣說來，企業若想在激烈的市場競爭中實現整個產業鏈雙贏的局面，就必須將打造信任度列為重要的發展策略。

　　而要做到這一點也並不複雜，無非就是透過高品質的產品與服務來創造社會價值，贏得人們的認同。一旦建立其社會信任，其產業鏈上下就能夠進入良性循環，實現雙贏。

　　在行動網路時代，社群組織大行其道，信任再一次顯示了其至關重要的地位，可謂無信任不社群。難道不是這樣嗎？從建立到營運，社群得以維繫，哪一步能離得了信任呢？作為經營社群的三要素之一，信任所帶來的能量絕非想像，因為所有的一切都是以信任為前提的。無論是基於何種紐帶組建而成的社群，成員之間的訊息、資源或是情感等溝通交流都是建立在信任的基礎之上的，確立了彼此信任的機制，才能進一步地達到社群情感的共鳴。

　　在當前資訊大爆炸的時代，人們獲取資訊的管道呈現出多樣化，加之網路技術的不斷發展，資訊傳播變得更加容易起來。但是鑒於種種因素的影響，資訊的真實度難以判斷。但是，社群卻可以透過成員多元化的社交網來相互求證，如此一來，相互之間就有了一定的信任基礎。

信任有著多種建立途徑，直接也好、間接也罷，都能夠透過有效的訊息傳播和互動來初步建立信任關係，並且透過這種信任的傳遞和擴散，使得社群的信任機製得以建立和鞏固。

體驗經濟中的情感價值

在傳統經濟學中有一個假設，即「合乎理性的人」，這是針對從事經濟活動的人群制定的一個抽象的假設，指的是這些人在採取經濟行為的時候，總是希望能以最小的經濟代價去獲得最大的經濟利益。

然而，此理論卻與實際的經濟生活相差甚遠，我們的思維在多數情況下是受到諸多非理性因素影響的。當面臨抉擇的時候，那些固有的體驗、行為甚至心理往往能夠戰勝理性，左右我們的決策。所以說，在經濟行為中感性比理性更能影響人們的決斷。

其實，在現實中，人們的經濟行為是感性選擇與理性選擇的統一。例如我們在進行消費行為時，理性消費能夠使資源得到最優化的分配，感性消費則更注重產品所帶來的心理愉悅。隨著經濟的飛速發展，人們在參與經濟活動時，感性選擇漸漸成為主流，能夠滿足其感官愉悅的體驗經濟迅速崛起了。

所謂體驗經濟，是一種全新的經濟形態，與服務經濟等概念為同一類別。在這裡，「體驗」是一種經濟物品，是內在的，存在於每一個個體心中的，在情緒、知識等方面的所得。而體驗經濟的發展，可謂西元 21 世紀裡最深刻的經濟革命。在消費過程中，產品所能提供的物質享受已然不能滿足人們隨著經濟水準的不斷發展而逐漸提高的需求，精神享受才是如今人們更為注重的一點。在體驗經濟時代，只有使消費者獲得情感體驗才能實現經濟交換。

西元 1999 年，美國策略地平線 LLP 公司（Strategic Horizons）的創始人派恩（B. Joseph Pine II）和吉爾摩（James H. Gilmore）出版了《體驗經濟時代》（*The Experience Economy*）一書，宣告體驗經濟會改變企業的生產方式，也會改變消費者的消費方式，並預言未來的經濟成果中體驗將占據相當大的比例。這是因為，無論何種商品都會面臨著更新換代，而隨著科技的發展，自會有新的產品來取代舊的產品，真正能夠在競爭中形成差異並拉大距離的唯有服務與體驗。

社群經濟，雖然是一種全新的商業生態並有著不一樣的執行規律，但仍然是以體驗為核心的，所以從本質上來說，可以視為體驗經濟的深化與延伸。人類畢竟是群居性動物，對社群有著天然的需求，這可以說是一種本能。在社群互動

中能夠使人獲得極為重要的認同感與歸屬感，還能夠得到情感上的滿足。

如今，資訊科技得到了進一步的發展，行動終端得以大範圍地普及，行動網路時代已然來臨，呈爆炸性發展的社群已經占領了人們社會生活的大半江山。這種無時無刻的互動活動，使得使用者的主動性與創造性得到了最大限度的激發。社群建立者憑藉自身的品牌與魅力，集聚了大批擁有共同價值觀的粉絲，這些粉絲在社群中積極活躍地互動，極大地發揮了自身的主觀能動性，貢獻出了自己的創造力。

社群在營運過程中也極為重視體驗的力量，將滿足成員的情感體驗視為營運的核心，因為只有緊抓使用者的情感與心理訴求，才能將社群發展到極致。

▌思維、產品與商業的轉型：

社群粉絲經濟的六大趨勢

如今，許多新一代手機企業都以迥異於傳統的商業模式和產品創新獲得了巨大成功，並受到社會的廣泛關注。這些行動網路時代新的商業成功案例，預示了一個不同於以往工業化生產的新時代的到來 —— 社群經濟將成為未來網路發展的主流商業趨勢。

與以往的工業化時代不同，網路連線一切的特性，讓任何品牌和企業都能夠找到自己的關注者和追隨者。行動網路是一個社群化的時代，關鍵是如何經營好不同社群，挖掘出這些社群經濟的巨大價值，讓企業或者新品牌能夠立足於日益激烈的網路市場競爭中。

就當前來看，社群經濟表現出了 6 個方面的趨勢。

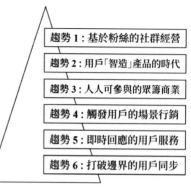

圖 2-1 社群粉絲經濟的六大商業趨勢

趨勢 1：基於粉絲的社群經營

趨勢 2：用戶「智造」產品的時代

趨勢 3：人人可參與的眾籌商業

趨勢 4：觸發用戶的場景行銷

趨勢 5：即時回應的用戶服務

趨勢 6：打破邊界的用戶同步

▋趨勢 1：基於粉絲的社群經營

賈伯斯（Steve Jobs）的「果粉」是典型的粉絲連線，這種連線創造出了巨大的商業價值。可以說，對於粉絲的社群經營是促成蘋果公司成功的重要因素之一。在社群經濟時代，任何企業和品牌只能將粉絲變為消費者，或者將消費者變成粉絲，否則很難在未來的市場競爭中獲得穩定的使用者流。

其實，從本質上看，粉絲既是消費者，又超越了一般的消費行為。對於企業和品牌來說，粉絲是具有極高黏著度的使用者，這種高黏著度不僅僅來源於高品質的產品和服務，更是基於一種情感和價值上的認同。賈伯斯的蘋果有著基於情感紐帶的大量粉絲，對這些粉絲群體實施有效的社群化經營，往往能夠挖掘出十分巨大的商業價值，並保證這些企業始終有著大量穩定的使用者流。

社群經濟是以「人」為中心的經濟模式。不同於工業時代基於產品去尋求消費者，社群時代的商業規則是以社群定義使用者，透過對社群特別是粉絲社群的經營，挖掘出更多的潛在和衍生需求，以獲得更大的商業價值。

趨勢 2：使用者「智造」產品的時代

如果說傳統工業時代是一個以企業生產為中心的「製造」時代，那麼，網路時代就是一個以使用者消費為中心、充分挖掘消費者「智造」才能的時代。

在網路消費社會中，個體的參與意識增強，消費者更加追求多元化和個性化的產品和服務。因此，網路時代經濟活動的中心不再是企業，而是使用者。企業需要更多柔性化、個性化的營運方式，甚至讓使用者參與進企業的生產創造環節。

例如，企業可以在網路平臺上專門設定「吐槽社群」和「創新社群」，讓消費者參與進企業產品和服務的設計與創造流程中。透過有效經營和整合社群中消費者的想法，抓住痛點，為使用者提供更優質的產品和服務，深度挖掘出社群的經濟價值。

趨勢 3：人人可參與的眾籌商業

最近兩年，「眾籌」迅速走入人們的視線，受到了越來越多的關注。具體而言，眾籌（Crowdfunding，即大眾籌資）是指用「團購＋預購」的形式，向網友募集專案資金的一種商業模式。

相對於傳統的融資方式，眾籌更為開放，具有低門檻、多樣性、依靠大眾力量、注重創意的特徵。利用網路平臺和SNS（Social Networking Services，即社會性網路服務）傳播的特性，原來分散於不同時空場景中的消費者、投資人被聚合起來，為企業新的產品創意建構出一個全新的社群生態圈，進而透過大眾的參與、支持獲得所需要的資金。

「眾籌」商業使每個人都能夠參與自己感興趣的商品項目，使得使用者不僅僅是消費者，還是產品創新的參與者，極大地開拓了社群的商業價值，也符合「大眾創業、萬眾創新」的政策導向。

眾籌順應了網路時代訂製化、個性化的消費需求，藉助於網路平臺，將散落於不同時空場景中的粉絲、社群整合成創新商業的參與者和推動者，開拓出了社群經濟的新價值。

趨勢 4：觸發使用者的情景行銷

對於商家而言，產品行銷必須考慮到消費者所在的具體情景，透過施行與情景相符的方式觸動使用者的消費欲望，從而達到行銷的目的。以往由於各種因素的制約，企業很難隨時與使用者的具體情景連結起來，難以做到針對不同情景的精準行銷。

然而，在社群經濟時代，智慧家居、行動終端裝置的普

及，再加上大數據和即時感測方面的技術支援，連線將不再成為問題，企業在每一個具體情景中都能夠與使用者連線起來。關鍵是企業如何能夠根據使用者所處的不同情景，採用多種方式促發使用者的消費欲望，從而實現情景式行銷。

特別是在行動網路時代，人們總是處於不斷變化的碎片化場景中，這種情景行銷對商家來說就更為重要。誰能夠抓住使用者在不同碎片化情景中的消費痛點，實現成功的情景行銷，誰就能在日益激烈的網路市場競爭中取得優勢。例如，在辦公室場景中，如果使用者在透過手機 Wi-Fi 上網時，十分方便地獲取到周邊商店的優惠券或個人化的貼心服務，就有可能在中午吃飯時順便去商店來一次購物體驗。

因此，在行動網路時代，成功的行銷更多的是一種基於使用者不同碎片化場景的情景行銷。相比於傳統的強制且直接的廣告推送，這種情景行銷更能夠促發消費者的情緒，並以更加個性化和訂製化的服務激發使用者的消費欲望。

趨勢 5：即時回應的使用者服務

行動網路時代是一個使用者需求更加碎片化、長尾化、多元化和個性化的消費時代。相比於以往基於產品的競爭，今天企業間的競爭更多的是圍繞使用者展開的。誰能夠為使用者提供更優質化的服務體驗，誰就能吸引更多的使用者，

從而取得競爭優勢。

網路時代競爭新形勢的變化，要求企業運作方式的轉型，能夠充分利用各種線上平臺，實現對使用者訴求的 7×24 小時全天候、無間斷回應。

趨勢 6：打破邊界的使用者同步

社群經濟時代，每家企業都意識到了大數據技術的重要性。然而，如何有效整合並利用不同的「大數據孤島」，將使用者數據與後臺數據，線上數據與線下數據，社群媒體數據與線下的零售數據，會員卡數據等不同管理系統的數據同步，以便真正發揮出大數據的商業價值，卻成了很多企業面臨的實踐難題。

究其原因，主要還是由於企業傳統的科層制組織架構，使內部組織和部門之間存在著牢固的邊界壁壘，無法滿足社群經濟時代高效同步運作的市場需求。因此，企業應該以網路合作共享的思維改造內部文化，打破固化的部門壁壘，以使用者為中心建構出協同共享和高效的組織生態系，從而真正發揮出大數據的巨大商業價值，實現全面的使用者同步和企業的社群化轉型。

▎社群模式的革新：

大連線時代，社群經濟如何重塑產業形態

▎現象：網路社群的人本回歸

　　行動網路的發展，顛覆了傳統企業格局，場景、App、去中心化等成為後網路時代的核心，並催生了新的連線方式，社會向零邊際成本社會邁進，同時，商業市場也步入「社群經濟時代」。各大行業在網路的基礎上建立一種關係，將「網路＋」模式與產業相融合。

　　網路的發展，打破了時間和地域的限制，同時也更新了社群的概念，克雷·薛基（Clay Shirky）在《無組織的組織》（*Here Comes Everybody*）一書中描述了網路 2.0 時代的社群特徵。

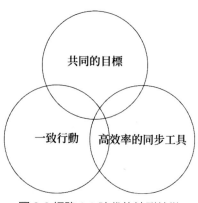

圖 2-2 網路 2.0 時代的社群特徵

　　由此可以推斷，社群是一種社會關係，它的本質是人。在同一個社群中的成員有著相同的利益訴求，他們一起合作，為實現共同的目標而奮鬥。而網路的發展，則打破了地域的限制，為處於不同地域而有相同愛好的人提供了一個溝通連繫的平臺。

　　某些社群平臺興起的初期，由於經濟不夠發達，網路無法提供技術支援，行動網路使用者端也不夠完善，使用者利用這些平臺更多的是自娛自樂，很少與其他使用者交流溝通。並且，這些社群平臺由於規模較小，也無法將流量變現，實現更深層次的行銷。

　　舉例而言，部落格是傳統意義上的行銷管道，使用者更多的是把這個社群平臺當作一種溝通的媒介，還沒有涉及共同的利益需求，為了共同的目標而協同合作，還不屬於網路時代的社群。

　　西元 2014 年，基於網路基礎上的社群開始形成，社群成員有著共同的利益訴求，並合作共事，以此顛覆傳統的商業形態和社會經濟。

　　在網路 2.0 時代產生的社群，開始重構新的商業模式，流量經濟開始衰退，應用場景取而代之。網路社群更加注重人的作用，以「人」為核心，並深入挖掘產品的潛力，以期創造增值價值，對傳統的組織、產品、使用者、生態鏈進

行重構。除此之外，在行銷模式上，也摒棄單純的刷廣告方式，以內容為廣告，營造特定的場景，以引起消費者的共鳴。

原因：連線變革與網路社群形成

由於社群是在網路的基礎上產生的，而網路又有多元化、直接化和平等性等特點，致使網路社群具備場景化、真實性和價值性等特點。

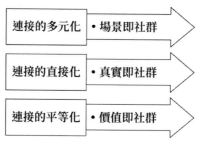

連接的多元化	• 場景即社群
連接的直接化	• 真實即社群
連接的平等化	• 價值即社群

圖 2-3 網路社群的三大特點

（1）連線的多元化：場景即社群

電腦網路時代連線的單一性開始失效，去中心化、多元化開始出現，網路連線朝著平等、多元、直接的方向發展，催生出基於場景化的社群。

從流量到場景

行動網路時代最顯著的特徵就是分散化。傳統 PC 時代的流量開始失效，網路連線開始趨於分散化，依託行動網路使用者端為使用者提供服務；使用者可隨身攜帶硬體裝置，如手機分散為智慧眼鏡、智慧手錶等。

流量經濟失去市場地位，應用場景取而代之，各大行業紛紛爭奪場景入口；使用者的地位得以提升，行動網路、雲端計算、大數據等為使用者回饋自己的需求提供了管道。網路社群有了存在的基礎，社群成員會為了共同的目標合作。

新的生態鏈形成

隨著網路的發展，「網路＋」模式開始滲透到各個領域，與產業相融合。網路社群下的一切關係被重新定義，包括企業與使用者、使用者與產品的關係等。產品從製造加工到宣傳行銷，以及最後的出售，消費者全程參與，並催生出新的生態鏈。與此同時，企業也開始基於網路社群發展，創造更直接、更多元化的連線。

使用者本能

隨著網路連線向著多元化方向發展，應用場景開始出現，越來越多的行銷者開始建構特定的場景，以引起消費者的共鳴；同時，消費者的回饋也變得更加直接化、場景化。

（2）連線的直接化：真實即社群

網路社群的真實性是在網路連線的直接化基礎上形成的，這必然使得社群的形成和建設成為可能。

一方面，在行動網路時代，去中心化成為趨勢，生產者和使用者可以透過平臺直接溝通，更加切實可行；連線向著多元化方向發展，驅使社群向真實性演進；另一方面，「網路＋」思維開始與線下的實體店鋪相融合，挖掘產品的潛力，使線上與線下同步為消費者提供服務。

在網路社群時代，任何個體都能與其他人產生連繫，社群朝著真實性方向發展；商業模式開始趨於分散化，以手機 App 的方式滿足使用者的需求。

（3）連線的平等性：價值即社群

在行動網路時代，網路連線向平等性轉型，使得個體的地位開始突顯，「人」成為網路社群的核心。

一方面，使用者的主體地位得以提升，開始參與產品的整個生產過程，包括製作加工、宣傳行銷、出售等環節；另一方面，行動網路即時通訊平臺使得使用者之間及時溝通成為可能，連線趨於平等化，催生了網路社群的興起。

在網路 2.0 時代，很多社群都是基於行動網路即時通訊平臺產生的，透過「訂閱」的方式吸引使用者，以此獲得長遠發展。

　　企業透過行動網路即時通訊平臺的官方帳號釋出社群的內容，而利用群組吸引使用者，形成使用者黏著度和忠誠度，官方帳號和群組相互補充，幫助企業營運。同時，使用者還可以透過其他購物平臺來聯絡，為共同的目標而合作。

▎趨勢：網路社群顛覆未來

　　網路社群基於網路連線興起，並具備了場景化、直接化和價值性三大特點。在未來，網路社群必將滲透到商業經濟中，重塑市場格局。

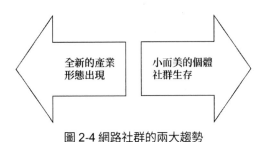

全新的產業形態出現

小而美的個體社群生存

圖 2-4 網路社群的兩大趨勢

（1）全新的產業形態出現

　　從總體上看，電腦網路時代的流量經濟逐漸衰退，場景應用取而代之，具有大流量的平臺開始向「網路＋」思維轉型，為消費者建構特定的場景，引起他們的共鳴，刺激消費欲望。

例如，在網路社群經濟下，出行服務方式發生變化，傳統的旅遊服務平臺逐漸失去市場地位，「商務租車」成為消費者的新寵；與此同時，消費者的購物方式也在發生變化，從線下實體店鋪消費轉向線上店鋪，享受電商提供的更為便捷、即時的服務。

消費者的需求刺激了產品的創新，並在此基礎上催生了場景的產生，由此構成網路社群。商家根據消費者需求，建構特定的場景，滿足他們的需求，以此積累使用者，培養使用者的忠誠度。除此之外，在滿足使用者需求的基礎上，企業的研發模式、生產模式、行銷模式都將變革，依託社群化管理企業內部的員工、企業的生產鏈以及與使用者的關係。

網路社群下的一切關係被重新定義，包括企業與使用者、使用者與產品的關係等，人的地位得到提升，更多的商業競爭開始圍繞「人」這個核心展開。

在未來，網路社群經濟將滲透到越來越多的行業，如旅遊、教育等，促進企業轉型，以新的產業模式、行銷模式、管理模式與組織方式適應網路 2.0 時代下的市場環境。

（2）小而美的個體社群生存

從個體上看，網路社群經濟更加注重人的主體地位，商業經濟向真實性、價值性轉型，主要展現在三大方面。

表現形態

在行動網路時代，更具專業性的實體店鋪、匠人等社群開始出現，如餐飲類、書店、電影院以及作家、攝影師、手工藝人等，形成一個網路社群。雖然規模小，但能為使用者提供專業的服務，以此積累使用者。

將 1000 個粉絲變成 1000 個死忠粉的基礎就在於此，利用使用者黏著度和忠誠度留住使用者，實現粉絲經濟。需要注意的是，場景是基於網路而產生的，並在網路的基礎上發展。

★ 在網路 2.0 時代，場景向著優質化、高品質化方向轉型；

★ 以人為本，更注重人的主體地位，所有的連線都以為使用者提供線下體驗為主；

★ 行動網路為線下的使用者提供交流的平臺。

營運方式

線上平臺和線下體驗相配合，為使用者提供優質的服務，滿足他們的情感需求。

隨著社會的發展和時代的進步，消費者的需求越來越細化，促使網路社群也逐漸向垂直領域延伸，信任成為積累使用者的關鍵。透過線下與線上相互配合，為消費者及時回饋自己的需求提供平臺，以此維繫網路社群的發展。

使用者藉助線上與線下提供的平臺來交流互動,主要有營運類互動和技術類互動。在網路 2.0 時代,以旅行、餐飲等為代表的行業將重塑產業格局,增強網路黏著度。

價值創造

網路社群時代更加注重產品的原創性和場景化,挖掘產品的潛在價值。

隨著行動網路的發展,使用者越來越追求訊息的原創性和價值性。如果社群注重內容的原創性,以及為使用者提供特定的場景服務,那麼,必將獲得長久發展;反之,則會銷聲匿跡,失去市場競爭力。

網路連線的平等性為使用者提供了多種選擇。例如,行動網路即時通訊平臺具備群聊功能,功能靈活方便,使用者可以自由退群,任何人都可以建立群組。當這些平臺為使用者提供有價值的訊息時,就能夠積累使用者,形成使用者黏著度和忠誠度。

同樣,連線的平等性也促進了社群平臺的發展。在未來,網路社群必將顛覆傳統的商業模式,重新整合產業結構。

▍從產品導向到使用者導向：

社群商業模式下的企業轉型

倘若找不到轉型的出口，傳統企業有可能遭到毀滅性的打擊。

現在，不論在哪裡，人們對社群平臺已司空見慣，社群平臺已經闖入人們的生活，將人們牢牢捆綁在行動網路的社交圈子中，讓人們可以隨時隨地相互交流。

在工業化時代，企業與使用者之間是呈垂直關係的商業模式，但是在行動網路時代，這種關係發生了顛覆性的變化，企業與使用者之間呈水平關係、長尾關係，企業和使用者之間可以實現零距離溝通，一種全新的商業生態模式由此誕生。

如今，社群已經成為商業模式的核心。傳統企業如果還在墨守成規，遵循工業化時代的「產品邏輯」——先定義產品，再賣給需要該產品的消費者，那麼，在社群經濟推動商業模式變革的下一波浪潮中，傳統企業必然會被新的商業規則所淘汰！

那麼，傳統企業應該怎樣做才能改變自己的命運？那就

是根據使用者的個性化需求,擴大自己生產產品的類型。以使用者為中心的 C2B 模式,正是根據消費者的需求,企業訂製產品,從而大大提升了企業的生產效率。

社群商業成為未來發展的一種趨勢,以社群為核心的商業模式也必然會影響著我們未來的生活方式。

社群的本質是 C2B 商業形態

訂製化商業模式,是一種顛覆性的創舉。使用者按照自己的意願提出要求,企業再立即將這些需求釋出出去,透過網路技術將全球研發資源來整合,從而大大縮短了產品的研發時間。

與此同時,企業透過粉絲聚會收集使用者對產品的各種建議,在與使用者不斷的溝通交流中不斷對產品進行完善。

這種訂製化的商業模式是遵循多年「產品邏輯」的工業化製造不能相比的。儘管這與傳統企業的行銷模式大相逕庭,但是消費者卻對它讚不絕口。因為這完全迎合了消費者的價值需求。

「網路+」正逐漸向各傳統產業廣泛滲入,徹底改變了企業製造產品和提供產品服務的方式。而由網路技術所帶來的這種改變之所以能夠受到大家的歡迎,是因為它從使用者的角度出發,既滿足了使用者的要求,又提高了企業的生產效率。

網路導致商業的進化：
即未來的商業是基於人，而非產品

與電腦網路相比，人與人之間的關係、連線、互動更加緊密與頻繁，這種社交屬性是行動網路的最大特點。使用者因為擁有相同的志趣與愛好而聚合在一起，透過社群參與互動，最後形成更加緊密的連結，再透過訂製化的商業模式完成 C2B 生產。

行動網路的發展必然會對傳統產業產生影響，人們透過網路可以獲取大量的資訊和數據。網路對傳統企業的改造需要一定的時間，然而，我們可以預見，未來企業是以使用者為中心的，整合了大量數據的生態合作企業。雖然還未實現，但正在一步步實現中。

換句話說，社群商業的本質就是以使用者為中心，透過數據驅動，形成生態合作的 C2B 商業模式。

從產品中心到使用者中心

在過去廠商主導的時代，企業製造出來的產品直接賣給使用者，而且企業會盡量把產品做到讓使用者滿意，以免品質出現問題後客戶找上門來。但是某些新一代手機企業恰恰相反，他們反而期待知道客戶對產品的不滿意。

　　從表面上看，二者只是思維方式的不同，但實質上反映了商業模式的迥異。以前，大部分傳統企業與使用者之間的商業模式是：一手交錢，一手交貨。它們主要是對產品的經營。而現在，網路公司與使用者之間的商業模式是：公司將產品賣給使用者之後，使用者對產品的體驗才剛剛開始。所以，它們主要是對使用者的經營。這也是工業思維與網路思維的顯著差別。

　　這些新一代手機企業認為：只有讓使用者積極參與進來，企業才能根據使用者的需求，製造出令使用者滿意的產品，為使用者提供更好的體驗。

　　B2C 是以產品為主導的商業模式，C2B 與之相反，是以使用者為主導的商業模式，其中 C 代表的使用者社群是關鍵的。

　　而某些企業也一直在強調「互動使用者」，他們為了達到讓所有專案都可以與使用者及時交流的目的，而搭建了網路社群或平臺，並在與使用者互動的過程中不斷尋找提升自我價值的機會。

　　由此可以看出，企業與消費者之間由原來的單向訊息傳遞轉變為現在的雙向價值合作，而且企業可以從中獲取更好的效益，消費者也可以從中得到體驗和滿足。

　　在網路時代，未來產業最顯著的特徵將是「消費者即生

產者」。尤其對年輕的消費者來說，他們更喜歡將自己的想法融入到產品的設計中，希望產品能夠展現出他們的獨一無二。因此，作為品牌廠商，就必須考慮到消費者的這種心理需求，才能受到他們的青睞。

這是一個企業與使用者共同創造「共享經濟」的時代，企業應該放下高高在上的姿態，用心傾聽使用者對產品的需求與建議，讓使用者參與到對產品的創造過程中來。

舉例而言：某個來自網路的原創潮流服裝品牌，就是透過積極採納網友們的意見，然後再設計、製作和修改服裝。該品牌在每月推出新款前，都會將設計好的圖樣放在店鋪頁面上，讓網友投票選出自己喜歡的樣式，經過討論，再對服裝的款式做出修改，最終才會生產、上市。

這是一個使用者為主導的時代。品牌商和零售商必須以使用者為中心，按照使用者的需求，為使用者製造個性化產品，提供優質的服務和極致的體驗，使用者才能給予好評。

現在，企業必須清楚自己的使用者是誰？如何滿足他們的要求？是否為使用者提供預期體驗？是否讓使用者參與到整個產品的製作過程中來？這些問題都是圍繞使用者展開的，這也是企業應該遵循的商業模式。

以使用者為中心已經成為社群商業的出發點。如果上門按摩都可以成為一樁好生意，那還有什麼是不可以的呢？

基於連線的社群生態圈

交叉補貼的商業模式在網路企業已經司空見慣。我們可以想像，在未來如果交叉補貼滲入到傳統的硬體領域，那麼，傳統製造商將迎來一場「大災難」。而現在看來，傳統的硬體廠商（例如電視）已經在面臨著一場災難了，難道不是嗎？

因為是以使用者為主導的商業營運模式，所以，網路時代，企業不是靠賺一次性的錢生存，而是透過保持與使用者的連繫，讓使用者對企業生產的產品時刻保持關注。所以，首先要找到一個連線使用者的入口，如手機。這個入口就是用來源源不斷地吸納使用者，最終達到讓使用者忠實於企業製造的其他產品的目的。

由此而產生的社群如潮水般湧來。

傳統企業的商業模式都是單向的，例如企業與企業之間、使用者與使用者之間、企業與使用者之間的互動。但是如今的網路時代，把這種互動變得更加錯綜複雜。於是，企業、使用者、外部夥伴形成了一種社群生態。在這個社群中，人與人、人與物、人與興趣點相互連線，人們不再是處於一種一元化的互動模式中，而是透過這種網狀的連線將自己的需求最大化地釋放。

經營社群的本質就是維護企業與使用者之間的關係。如

果某些新一代手機企業被套上這個邏輯的話，那就相當於它的線上線下活動，其他除了手機以外的產品，都發揮著連線使用者與維護使用者關係的作用。

傳統企業要想在網路時代立於不敗之地，就必須重構與使用者之間關係，將自己的使用者納入社群，與使用者保持互動，讓使用者依賴於該社群生態圈，這才是企業未來的生存之道。

現在，一些房地產公司也開始利用網路技術來改造傳統的商業模式。例如為使用者打造「智慧社群」，這便是對社群商業模式的一個初探。住戶可以與社區內的主入口崗亭視訊，也可以與鄰居視訊，還可以足不出戶購買各種物品上門等，這些都展現出以使用者為核心的社群商業生態。

社群商業正如潮水般湧來，誰還能依然故我地沉浸在以往的工業化思維當中？

▌「社群經濟＋微電商」模式：

基於社群的電商運營策略

如今，移動電商的發展呈現出上升的趨勢，微電商屬於行動電商的一種，具有社群的特性。

微電商自誕生以來發展迅速，到了西元 2015 年，該模式的結構開始重組，人們對微商有兩種截然不同的態度，有些人對它不屑一顧，有些人則非常崇拜，在這裡，我們就分析一下微商的歷史和發展趨向。

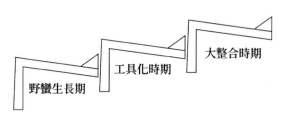

圖 2-5 微商經歷的 3 個發展階段

▌野蠻生長期

社群平臺的出現為人們進行互動交流提供了方便，好友圈的形成為行銷者開啟了一扇新的大門，不可否認，多數使

用者把它當作社交的工具，一些有經濟頭腦的人則思索怎樣透過這個平臺來增加收益，微電商由此發展而來。

　　微電商處在起步階段時，很多人覺得這種方式很新鮮，想一探究竟。一些移動電商試圖在社群平臺上小試牛刀，最初一些微電商採取的是在社群好友圈（類似 Instagram 的貼文功能，能夠發文，並和朋友透過點愛心、留言和分享來互動）中與使用者連繫，由對方下單訂貨、直接付款的方式。因為彼此都有所了解，彼此信任，使用者通常不會在產品價格上斤斤計較，微電商最初就是透過這種方式獲得了迅速的發展，與使用者之間的關係維持也是透過溝通來進行的。

　　再後來的發展方式是很多人沒有料想到的。一些深諳經商之道的人在自己銷售產品的同時還鼓動好友圈的好友入夥，有段時間你會發現行銷廣告已經到了霸佔版面的地步。我也時常聽聞有朋友以此發家致富。

　　最初也有少數的微電商是想藉這個平臺銷售家鄉特產，然而，這些人的經營只維持了很短的時間，後來湧進來的都是採用傳銷或直銷機制的經營者，一些人即使有高品質的產品也無法在激烈的競爭中生存。

　　以近乎霸道的方式迅速發展，所出現的問題就是某些微電商的使用者不遺餘力地為其宣傳推廣，好友圈每天充斥著大量的廣告內容，對此，一些人選擇封鎖他們，也有一些人

不知道怎樣操作才能封鎖這些令人心生厭煩的訊息，只能將此人從好友圈中刪除，從這裡我們可以看出，微電商最初的發展就是以這樣近乎霸道的方式取得的，他們也不在乎給好友造成了多大困擾。

工具化時期

這種野蠻的發展方式中存在著很大的問題，因為多數環節都要由經營者親力親為，隨著訂單數量的增加，處理的速度變慢，其發展到了瓶頸期，而且很多好友都是抱著捧場的心態，很難成為長期使用者，很多人也厭煩了好友的轉發請求，其影響力慢慢下降。為了繼續發展，一部分微電商逐漸採用分銷和直銷方式，也有一部分開始走向工具化平臺。

一些微電商走向工具化平臺，因為這使得他們的經營更加便於組織和管理，也能夠在規模上進行擴張，其中一些微電商嘗試著創業，微電商的第三方平臺有了新的發展機會。

隨著工具化的應用，微電商對於微信使用者來說已經不是什麼稀奇的事物，微電商的發展進入相對穩定的階段。微信向使用者提供了支付功能，第三支付工具在與其競爭中取得了一定程度的發展，微電商流量在這時呈現出精準化、垂直化的發展趨勢，野蠻的發展方式已經走向過去時，微電商要關注產品品質和體驗環節。

湧現出越來越多的職業微電商從業者，在一些發展較快的地區舉辦了相關的演講活動和培訓活動，微電商朝著產業化發展，其經營、推廣、專業技能的水準不斷提高。

大整合時期

到了西元 2015 年，微電商還處在工具化階段，但它的發展已經初現大整合時期的端倪，所謂的大整合，指的是不局限於特定的終端、應用程式以及特定支付場景的在管理層面、銷售方式及支付方式上的整合，如手機 NFC 功能使得支付場景更加多樣化，滲透到人們生活的各個角落。這也使得微電商涵蓋的範圍更加廣闊，一些線下的傳統商家也成為其中的一員，O2O 模式也在其中找到了發展機會。

也許有些人想在微信電商領域投機取巧，這可能使微信電商的發展受到阻礙，甚至讓人對其避之不及。因此，微電商從業者在創業的過程中要謹慎思考，做好平臺、技術合作夥伴、行銷方式等各個環節的選擇工作，維護好與使用者之間的關係。如果個人經營的微電商可以保證產品品質並吸引眾多的長期使用者，微電商就能夠像淘寶店鋪一樣在行動時代取得快速的發展。

在整合階段最重要的是降低安全風險，在大整合時期，微電商的整個生態系統都會與之前有所不同，使用者透過微

電商購物的行為也會因媒體的傳播作用發生變化，消費者的購物習慣或許會趨向於電腦終端的行為，個人決策將逐漸占據主導地位。

有些使用者為了省事，透過微電商消費的時候，會以私訊的方式與對方達成交易，如果在這個過程中出現什麼問題，使用者很難避免自己的權益不受侵害，官方機構不能干涉，微信官方也不能處理，這個問題需要引起微電商的注意，社群平臺也不能忽視這點。

私下交易泛濫導致原本的關係鏈被打破，如果某個使用者的私下交易很頻繁，系統是能夠監測出來的，只是如果雙方是關係比較親密的朋友，那麼這種情況下的交易是願的，或許應當借鑑其他平臺的訊息提示，平臺採取的干預措施能夠逐漸影響到其使用者的消費行為。

社群電商

粉絲經濟的普及使越來越多的人提及社群電商，粉絲經濟是指在長期使用者的基礎上獲得發展，也就是經營的產品得到忠實使用者的青睞，這需要經營者具備很高的個人影響力，還要擁有高品質的產品，也就是說普通大眾駕馭的難度比較高。

　　社會公眾人物通常在個人魅力上比普通人占據優勢，而且多數人擁有一定的經濟能力，所以有人認為他們更擅長從事電商職業，而事實情況與想像中有很大差別，因為產品的多樣化是電子商務發展迅速的原因，如今消費者的地位不斷提高，消費行為呈現出個性化、多元化的特點，而這種長尾經濟是中小電商比較擅長的。

　　發展社群電商的經營者要在文化價值和魅力上具有影響力，還要能夠獲得使用者的追隨和支持，經營者不需要擁有多大的品牌，就可能在社群電商領域取得一定的成就。

　　例如我的一個朋友會製作皮質背包，他有一個小小的團隊，每個人都掌握了這門工藝，雖然沒有多大的品牌，但他們的產品確實品質不錯，消費者的評價也普遍較高，他們的定位清晰，憑藉高品質的產品也能獲得使用者的支持和青睞，所以透過社群電商來發展比較適合，也無需在行銷環節下多大的功夫。

　　有些人以為透過社群平臺來宣傳其產品的電商就是社群電商，這種理解是從字面意思上解讀的，是不正確的。透過社群平臺來推廣和行銷在最初階段的效益確實不錯，然而經過好友宣傳後的到達朋友的朋友那裡，多數人只是因為覺得新鮮會隨手分享，其實際效益並不大，在現實生活中那些取得良好效果的社會化媒體行銷，其實是透過廣告宣傳的方式

出現在社群平臺上的。

在逐漸發展到一定的階段，同時擁有了自己的一批忠實使用者後才能建立起一個社群電商，那些從行銷層面來理解社群電商的定義的做法都是有失偏頗的。

而在這裡，我們需要明確的是：雖然有很多微商是透過在好友圈打廣告來做商品行銷的，但這些經營商家不屬於社群電商，他們只是拿社群電商來做吸引使用者注意的幌子罷了。

有些電商缺乏產品文化，有些電商沒有建立起自己的品牌，還有一些並沒有聚集起自己的族群，這些電商都不屬於社群電商，換句話說，社群電商需要具備特定的文化價值、共同的興趣指向和認同感。

無論哪種類型的電商，都以零售和服務為主營業務，其基本的經營流程是不會被顛覆的，在實際的運作過程中都要涉及宣傳、銷售、產品供應和使用者維繫等環節，網路時代下催生出更多的應用程式研發者，這為微電商的發展提供了更多的便利條件。

假如有人想踏踏實實地走一條電商發展之路，我認為應該注重以下幾個方面。

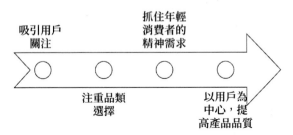

圖 2-7 抓住微電商機會的 4 個關鍵

（1）吸引使用者關注

之前的消費者多透過大型網路商城來找尋自己所需的電商產品，如今，在行動電商領域還未出現占據主導地位的搜尋方式，這也使得一些小電商獲得了更多的機會，為此，應該將注意力放在產品品質、行銷方式等方面上。

鑒於微電商是從微信好友圈中發展而來的，應該致力於形成支持自己的族群，突破之前已經僵化了的廣告宣傳方式，根據使用者群的特點加入能夠吸引人的元素。

（2）注重品類選擇

這一點會始終影響著商家的經營和發展。現階段發展勢頭比較好的品類有農業生鮮產品，不過，在選擇的時候還要考慮到經營者的能力和偏好。

（3）抓住年輕消費者的精神需求

隨著經濟的發展，年輕的一代更是注重精神層面的消費，應該找到他們的核心需求，成為針對年輕使用者群體的社群電商。

（4）以使用者為中心，提高產品品質

當下的許多使用者已經轉移到了行動終端，應該時時刻刻圍繞使用者的需求，保證產品的品質，只有做好這兩方面的保障才能在電商領域中走得更加長遠，靠博人眼球雖然也能獲取收益，但這種經營方式早晚會在競爭中被淘汰，微電商應該從中汲取教訓，腳踏實地地發展長尾經濟。

▌「社群＋眾籌＋創業」模式：

如何透過眾籌創建菁英社群？

　　近幾年來，「眾籌」已經成為了一個熱門詞彙，吸引了大量的關注，人們對它的反應褒貶不一，擁護者堅信眾籌前景廣闊，紛紛開始參與進各種類型的眾籌項目，而反對者從各個角度批判這種模式，從法律風險、失敗經驗、操作難度等方面不遺餘力地唱衰眾籌。

　　藉助於眾籌平臺，創業者可以向素未謀面的陌生人籌集資金，以支持自己的創業專案，這樣的融資方式就是眾籌。對於創業者來說，眾籌的出現打破了地域的約束，無論在偏遠的鄉村，還是交通便利的城市，只要有網路，就可以發起眾籌；對於投資者來說，眾籌大大降低了投資的門檻。無論是誰，都可以對感興趣的專案進行投資。

　　募資門檻的降低可以說是一把雙刃劍，一方面刺激了廣大民眾的創業投資熱情，另一方面又導致了眾籌行為的泛濫，很多人對專案沒有深入的了解，只衝著一個「好玩」就投錢了，剩下的全靠運氣，賺錢了皆大歡喜，賠錢了就一哄

而散，沒有一套相對理性的理論、方法和經驗，這樣產出了大量的失敗項目，對眾籌市場造成了不好的影響。

眾籌的出現，為很多創新專案解決了創業初期的啟動資金，但是眾籌對項目啟動後的管理非常薄弱，致使很多眾籌成功的專案由於後期管理失控而最終失敗，此外，股權類的眾籌項目受自身結構以及政策環境所限，很難有後續專業機構的跟投，而且是非不斷，如果遲遲找不到盈利模式，長此以往，眾籌勢必會日漸式微。事實上，很多眾籌項目都走上了歪路。

很多人把眾籌看作是一種單純的投資行為，這本身就是對眾籌的誤解。眾籌其實是一種由菁英社群成員合作，共同提升項目的價值操作過程，他們有一定的資金和時間盈餘，對投資的項目有一定的認知，透過具體的項目運作，追求最大的經濟利潤，同時實現社群成員之間彼此的價值互換和人際關係、資源、經驗等方面的隱性提升，實現多元化的盈利，產生社群和眾籌「1＋1＞2」的雙贏效果。

眾籌並不是單純的籌錢行為

眾籌並不是單純的籌錢行為，更重要的在於籌人、籌智和籌力。一旦有合適的眾籌項目出現，首先需要籌集一群志同道合、具有共同價值判斷並且優勢互補的人；這些人聚集

在一起展開腦力激盪，共同評估項目的可行性，商討可能出現的各種問題，針對這些提前做好預備方案；做好預案之後，再依照每個人的特長進行分配相應的任務，做到各司其職，確保各個職位都有人堅守；做完這些之後，就可以啟動項目，評估啟動資金，積聚大家的力量籌集資金。

眾籌如今面臨的最大問題就是人們普遍將籌錢放在了第一位，籌人、籌智和籌力反倒成為了虛無縹緲的事情。事實上，智慧、精力等志工精神才是讓項目維繫下去的保障，如果只是單純投錢，那麼投資者的首要結果導向必然是賺錢，而創業本身就具有極高的風險，把眾籌當成一種單純的投資行為，結果只會期望越高，失望越大。

眾籌需要一個菁英社群作為支撐

一個項目參與的人越多，就會發出更多不同的聲音，而且對於回饋的期望值也就越高，這樣一來，項目背負的股東壓力也就越大，從而導致失敗的可能性也就越大，如果只是由一個穩定的小規模的社群來營運，問題就會少很多。

所以說，眾籌應該是一種有邊界的營運模式，例如股權眾籌就應該是由一個穩固的社群支撐的、區域性、小範圍、熟人之間的合夥行為，而不應當藉助網路的無邊界無限擴大。

若要增加眾籌項目成功的可能，這樣的社群必須全部由

菁英成員組成，例如有資金盈餘的投資者，有認知盈餘的知識分子，有充足經驗的創業者，等等，所有成員必須在某個方向有一定的基礎，彼此之間有深入的了解，相互信任，在開始一個新的項目時，大家能夠迅速做好自己的角色定位，彼此之間合理分工，互相合作，籌智、籌力、籌錢，確保項目正常推進。

眾籌是菁英社群的合夥遊戲

在菁英社群的基礎之上，社群成員有了合適的創業項目就可以在眾籌平臺發起眾籌，既有助於維持社群黏著度，又能有一次同心協力的合夥合作。

從這個意義上來說，每一個眾籌項目都可以視為社群自我壓榨、反芻、消化和積累價值的一個試驗，透過一個個的眾籌項目，最大限度地為社群成員匹配各自的價值，彼此之間增進人際關係，分享經驗，共同提高。

如果放在遊戲當中，整個社群就像一個遊戲戰隊，在遊戲過程中彼此切磋、磨合，同時提升各自的經驗值，失敗了之後還能重新開始，而如果沒有社群的基礎，一次眾籌項目失敗之後，大家就都散夥了。所以說，眾籌是菁英社群的合夥遊戲，社群賦予眾籌的未來，就是社群成員貢獻投入，從而獲得多元化的價值產出。

Part3

網路時代的社群生態圈：

新經濟形態與商業生態

▍網路社群生態圈：

產品型、興趣型、品牌型、知識型與工具型

　　社群，嚴格說來應該是一個社會學概念，指的是在某個區域內發生的社會關係。早在西元 1987 年就已經有了廣泛的含義，既可以解釋為地區性的社群，也可以表示一個有相互關係的網路，還可以是一種特殊的社會關係。

　　一直以來，社群給人的印象彷彿就只是一個抽象的概念而已，直到網路的普及才大規模地爆發起來並被賦予了新的內涵。

　　在網路時代裡，社群是由社會人基於相同或相似的動機和需求，透過某種載體聚集起來的。其類型在不同的分類下具備不同的屬性，發揮著不同的作用，具體來說，主要有以下五種類型。

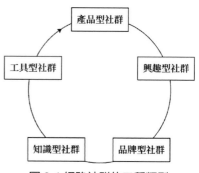

圖 3-1 網路社群的五種類型

產品型社群

網路的飛速發展重新建構了新的社會生存結構，可謂是對工業時代的一個顛覆，若想在這場顛覆舊體系、建構新體系的變革之中生存下去，就必須用「網路思維」來武裝自己。

在網路時代，產品是一切的基礎。無論你要向大眾傳遞什麼，首先都需要有一個載體，而產品正是這個載體，如果拋開產品去談情懷、談興趣，最終只能淪為空談。此時，產品被賦予了新的功能，即「連線仲介」。因為透過產品可以聚集起眾多使用者群體，繼而形成社群。而這種社群，正是脫胎於網路思維的一種新的組織形態 —— 產品型社群。

這種類型的社群，似乎給予了商業行為新的定位，使得企業和消費者之間不再處於行為的兩端，而是透過線上線下的深度互動形成了一起玩耍的局面。

興趣型社群

在網路時代裡最為常見的社群類型就是興趣型社群，是基於共同興趣和愛好而聚集建立的。資訊科技的不斷發展將世界變成了一個「地球村」，人與人之間的交流有了無限的延展性，很多分散在世界各地的志趣相投的夥伴透過網路連

繫在一起，尋找志同道合的人變得容易起來，而興趣社群就這樣應運而生了。

因為個性的差異化，人們有著形形色色的興趣愛好，基於此建立而成的興趣型社群也就比較多元化。隨著時代的進步，社會變得更加開放與包容，追求自由與個性已成主流趨勢，無論什麼樣的興趣都能夠找到同好，無論多麼小眾的愛好都能覓得知音，在社群中的互動使他們找到了歸宿、產生了共鳴，興趣社群彷彿就是他們心靈的家園。

和產品型社群一樣，興趣型社群也可以成為一種新的商業形態，因其本身就蘊含著商業價值。

品牌型社群

所謂品牌型社群，是基於消費者對品牌的情感而建立、形成的。具體說來，就是消費者在產品社群內互動的過程中對其品牌產生了信任、對其文化有了認同，從而對其有了歸屬感。所以，嚴格地說，品牌型社群並不算是一種獨立的社群類型，而是一種延伸。

品牌，雖然只是一種抽象的、無形的資產，但卻承載了消費者對其產品和服務，甚至是價值觀的認可。以此為紐帶，彙集於一起的消費者很容易產生共鳴，而相互之間的交流、互動則會使他們對品牌的忠誠度進一步加深。所以，此類型的社群

能帶來的就是獨特的品牌體驗，從而強化其概念。

　　早期的品牌社群多以線下活動為主，如足球俱樂部。在歐洲，比較有名的足球俱樂部在世界各地都有官方的球迷組織，這些球迷因為對俱樂部的崇尚而凝聚在一起，並參加定期舉辦的相關活動，充分地闡釋了何為品牌社群。

　　如今，品牌社群更多地是線上發展，例如蘋果手機的品牌社群，不僅聚集了眾多「果粉」，還匯聚了大量蘋果手機的相關訊息，以及不定期的「果粉」活動等。除此之外，蘋果手機在各式社群平臺上也建立了自己的基地，並根據這些平臺不同的特點來功能化分工。

知識型社群

　　知識型社群在含義上有狹義與廣義兩種，前者的範圍在企業組織內部，而後者的範圍則有著無限的延伸。

　　狹義上的知識社群更像是一種學習性社群，自發或半自發組成的成員會在其中分享知識和學習，將他們凝聚在一起的是對知識的渴求以及相互交流的欲望，而非企業強加的責任或義務。所以，社群成員的自主性非常高，在獲得知識經驗、提升自身能力的同時，也在一定程度上促進了企業整體素質的提高，加強了企業文化的凝聚力，這無疑是企業組織最寶貴的資產。

　　而廣義上的概念，則涵蓋了每一個個體，就如同興趣型社群的一個分支，基於人們對某一方面知識的渴求建立而成的，其管道與活動陣地依然是網路。

工具型社群

　　在當前的社會生活中，「圈子」無處不在，而從某種意義上說，社群其實就是圈子的同義詞，社群的存在已然成為一種常態，基本上貫穿了人們的日常生活。

　　而人們的社群溝通活動必須藉助一些基礎性的工具，才能真正實現隨時、隨地、隨心的即時交流，例如當下流行的、如日中天的不少社群平臺，正是因為社群有著靈活方便的特點，所以越來越多的人們將之視為一種便利的溝通工具。

　　眼下，有了工具型社群的存在，許多企業組織在工作中有了更為靈活的形式，透過即時社交通訊平臺來創立群組實現項目管理、會議召開以及工作內容的溝通處理等成為一種趨勢。當一個新項目動工時，負責人便可聚集所有相關人員創立一個群組，然後即時溝通，整個項目的流程就得以公開透明化，而項目所必須的統籌協調等也可以隨時釋出，相關人員也能夠及時地回饋問題或效果。

　　當然，工具型社群也不限於在工作場合使用，因其本身

就是以提供人們所需的溝通服務而存在，所以有著很強的靈活性和場景性。例如，陌生人之間可以透過共同的特質來組創立群組，滿足溝通需求；朋友之間聚會也可建群，增加交流互動的趣味性。

相互交融的社群生態

社群，猶如一個一個的圈子，具備什麼性質就會聚集什麼樣的成員，有著明顯而清晰的邊界。然而，在普遍連繫著的網路時代裡，開放才是主流趨勢，所以，看上去封閉的社群其實是處於一個相互交融的生態圈內，主要表現為以下三個特徵。

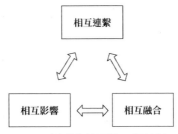

圖 3-2 社群生態圈的三個特徵

（1）相互連繫

事物是普遍連繫的，儘管社群如今大都依託網路而存在，但建立的紐帶各有不同，有的是因為興趣愛好，有的是

為了知識分享,有的是藉以維持社會關係,形形色色,原因不一。

然而,人是集多種角色於一身的,活動於不同的場景之中,有著多元化的需求,這就決定了一個人所參與的社群絕不可能是單一的,正是因為個體的這種輻射性,很多不相關的社群就得以連繫在一起。

(2) 相互融合

任何事物都不可能絕對獨立地存在,總是與其他事物有著交叉或是融合,社群也是這樣。因不同的需求而聚合在一起的不同社群,主體定位與主要功能自然有所不同,但並不代表著就沒有其他的功能。事實上,無論是何種社群,幾乎都兼具多種屬性與功能,也就是說,社群在性質與類型方面有著交叉和融合。

人是有著多元化的需求的,社群又是自發形成的,所以其性質是比較複雜多元的。只有精準地滿足成員的個性化需求,還能在此基礎上衍生附加價值,才能夠算是一個較為成功的社群。

(3) 相互影響

事物與事物之間是相互影響、相互作用的,這是產生連繫的一種途徑,社群之間自然是存在著連繫的,所以相互影

響不可避免。因為各種因素，不同的社群有著不同的發展，於是規模和影響力也就不同。

而且，社群是自發形成的，對成員並無嚴格的約束，所以一些規模小且影響力較低的社群中就會發生成員流失的現象，長此以往，這些社群就會逐漸被性質類似的且規模較大的社群所融合。另一方面，規模大的社群有時候為了照顧所有成員，其提供的內容或服務可能出現深度不夠的情況，那麼追求極致的成員自然會去尋找更為適合的社群；而人數眾多的社群只能照顧到核心、活躍成員時，邊緣的非活躍成員也會另尋他處。所以，這種相互影響是此消彼長的。

在網路時代，一種全新的商業生態 —— 社群經濟已然崛起，而深入了解網路時代的社群類型，就成為了打響這場社群經濟之戰的一個基礎。

▌產品型社群：

顛覆性商業時代，組織形態與產品的進化

　　自網路技術產生以來，社會的組織架構已經被徹底改變，訊息從光纖中以接近光速的傳播實現個人及組織之間的無縫連接。網路技術的發展使工業時代已經演變為網路時代。正如工業時代誕生之初以摧枯拉朽之勢顛覆農業時代一般，網路時代也在變革著工業時代。

　　傳統的組織結構已經崩解，企業要能夠生存下來必須能夠適應新的時代。網路時代企業需要持有相應的網路思維，這種思維上的變革不是簡單的流於表面的形式改變，是要從邏輯出發，更深度地轉變思維。

　　下面我將運用邏輯推導與具體案例為大家剖析網路時代的生存結構、思維模式以及企業在此時代的生存模式。

▌從價值網理論看網路時代的生存結構

　　在網路時代顛覆工業時代的形勢下，價值網理論成為了這場企業生存之路的重要支撐。通常將價值網劃分為成本結

構、效能屬性和組織形式三個方面。而存在於行業內價值網中的企業會自發地遵守其中的成本結構，價值評判的依據往往是某種效能屬性。

在行業內的競爭中，「資源＋流程＋價值觀」構成了企業組織能力的核心要素。從某種意義上講，價值網內的企業實際控制者就是價值網本身，企業的管理者處於被支配的地位。

網路時代的價值網自然與工業時代有所區別，構成價值網的三個要素也存在著明顯的差異。可以分別從成本結構上的毛利率為零，效能屬性上的產品生命週期為零，組織形式上人們之間的融合度為零。

網路價值網的成本結構毛利率為零，正是其與工業時代最大的不同之一。傳統的工業時代，毛利被企業用來補償交易支付平臺、推廣行銷、倉儲物流等方面的開支。而且產品從生產企業到達消費者手中往往要經過許多中間環節，企業要進行推廣宣傳來擴大品牌影響力，藉助賣場、商家等分銷商來銷售商品，還要面臨資訊不對等引發的倉儲庫存排程問題。

網路時代訊息傳遞的成本大幅度降低而效率卻大幅度提升，一些自媒體平臺的出現使得「去中心化」成為一種潮流，平臺地位江河日下。擁有優質產品的企業可以透過網路實現與消費者之間的無縫連接，即時地了解使用者需求，企業對廣告推廣、管道、倉儲的依賴程度逐漸降低，消費者購

買相同的產品所花的價格更低而商家獲得更高利潤。這種商業模式更加具有彈性與張力，還能為消費者提供產品或者服務的周邊產品來提高產品附加價值獲取更高的利潤。

產品生命週期為零，企業更應該關注的是迎合消費者的需求並帶來人性化的情感體驗。工業時代的核心在於科學，而科學也是其價值網效能屬性中最為關鍵的要素。如今的科學進步並沒有相應地促進人們幸福感的增長，如今技術發展的速度遠超過市場需求的增長速度，一些技術開發出來卻處於無處應用的尷尬境地。

科學技術的發展程度越高引發產品的生命週期會逐漸變短，當科技進步到一定的程度之時，產品的生命週期無限逼近於零。通俗地講，技術剛出現就已經被超越，科學剛被發現就被證明是偽證，產品剛推出就被淘汰。產品的生命週期為零標誌著消費者對產品的情感體驗已經超越功能體驗從而提升為最重要的層面，審美將會超越科技變成網路價值網的核心。

人們之間的融合度為零，工業時代的企業成為規模化生產的中心，其他的組織機構都要圍繞它運轉。進入網路時代，訊息傳播的即時性使得人與人之間只透過一部手機作為終端裝置即可相互溝通與交流，當社會化的分工精細到極致時，每個人都成為一種特殊的工種，融合度為零的前提下兩個工種相同的人必將有一個會被淘汰。

由此，網路時代的企業的生存結構已經十分明確：毛利率、產品的生命週期以及人們之間的融合度皆為零。而且價值網的成本結構、效能屬性及組織形式已經發生巨大的改變，形成了一個獨立而又專屬的網路時代。

延伸出來的網路思維三大法則

泰勒（Edward Burnett Tylor）思想建構的工業時代的管理體系已經在人類歷史上書寫了 200 多年的輝煌歷史。但是哥德爾（Kurt Friedrich Gödel）的不完備定理表明一個一致的體系必定是不完整的，而工業時代的管理體系內部邏輯一致，其必定不完整從而存在著邊界。

但是企業不禁又要思考：毛利率為零，將如何獲取利潤？產品的生命週期為零，企業又該如何生存？人們之間的融合度為零，企業的組織結構將會變成什麼樣子？傳統的工業時代的管理體系無法回答這些問題，而網路則恰是工業時代管理體系的邊界。網路思維三大法則如下圖所示。

網際網路思維之一
• 中間成本為零，利潤遞延

網際網路思維之二
• 功能成為必需，情感成為強需

網際網路思維之三
• 個人異端化，組織社群化

圖 3-3 網路思維三大法則

（1）網路思維之一：中間成本為零，利潤遞延

　　某企業創辦人曾經為網路思維下了一個這樣的定義：以訊息互動的手段，變革行業的成本結構。嚴格意義上講這個定義並不全對，但是網路思維剖開成本結構就成為一個偽命題。採用網路思維的企業將會顛覆傳統企業賴以生存的管道、推廣行銷和倉儲等商業模式，這場直接由消費者與生產商之間建構的無縫連接將會嚴重衝擊傳統企業。

　　例如美國的特斯拉（Tesla）藉助於社交化網路平臺向消費者提供產品預訂服務，根據消費者的需求實行按需生產，達成平臺費用、倉儲費用以及推廣行銷費用為零的成本結構，為傳統的企業上了一課。

　　企業將這些中間環節節省的費用讓利給消費者，以周邊服務的方式獲取更多的產品附加價值。利潤延遞帶來的收益更具規模效益，當智慧型手機市場的企業把重點放置在手機本身時，新一代手機企業卻是在經營使用者，從硬體到手機系統、內容、配件、周邊服務是一個擁有更為廣闊發展前景的領域。

（2）網路思維之二：功能成為必需，情戒成為強需

　　在網路時代，產品的生命週期被大為縮短，依靠產品以及品牌獲得優勢的企業逐漸衰落，一些企業還來不及將產品

做成品牌就被後來者趕上，甚至超越，而一些企業的產品則是一出現就成為行業的領頭羊。

網路時代下的顛覆式變革，需要企業實現快速的轉變，不斷推陳出新，不斷地自我完善。網路時代策略的重要性也在不斷被降低，產品的快速迭代使得一些策略的施展空間大幅度縮水。蘋果的 7,000 億美元的市值就在於它能夠不斷地革新，不斷地顛覆，一代代產品的更新正是迎合了這個顛覆的時代。

一代產品可以改變一個行業大廠命運的時代，產品的重要性被擺在重要的地位，成功的產品不一定要在技術上能夠領先。就如同某企業創辦人所說的：「工業時代承載具體的功能，而網路時代承載的則是趣味與情感。」產品的功能自然不可或缺，但其中所蘊含的情感體驗才是產品真正走向成功的關鍵。

蘋果手機占據整個智慧型手機市場 92％的利潤，而消費者對這種高價產品也是趨之若鶩，並非是蘋果手機在功能上領先其他智慧型手機，而在於這種精耕細作如工藝品般的設計讓消費者為之著迷。

具有情感的產品帶給使用者人性化的體驗，形成一種專屬的魅力產品。網路時代的品牌是「產品創始人＋產品情感＋粉絲」的集合體，創始人成為代言人，情感體驗優秀的產

品，粉絲自發地推廣宣傳。行銷與產品的結合直接減少了消費者與產品的連接環節。

優秀的產品的本身就是一種最為有效的行銷手段。

（3）網路思維之三：個人異端化，組織社群化

網路時代的轉變最難實現的是思維的轉變與企業人員組織構架的創新。人們之間的融合度趨近於零，人需要將自己的才能發揮到極致甚至成為「異類」。

賈伯斯給予了「異類」最為具體的解釋，西元 1997 年重掌蘋果的賈伯斯用「Think Different」一則廣告為困境中的蘋果注入了新的靈魂。「那些特立獨行、格格不入的瘋狂者們，你可以對他們批評、質疑、反對、讚美、引用、歌碩，但是你不能忽視他們，正是這些瘋狂到認為自己能夠改變世界的人改變了世界。」

這就是對異類最為完美的詮釋，他們狂放不羈、特立獨行，你無法忽視它們，他們推動了世界的改變。這些諸如蘋果、Google、Facebook 等世界級的企業大廠們對於人才的選用都要求到極致，只有成功與失敗，而失敗者只能離開。Facebook 花費將近 1/10 的市值收購的 WhatsApp 的團隊成員僅有 50 多名，而韓國的 KaKao Talk 技術團隊成員僅有 4 人。

當個人成為這種「異類」之後，就會聚集粉絲，產生社群化的組織。全球最大的串流媒體（線上影片）播放服務

商 Netflix 的人才管理核心之一就是：為員工所帶來的最佳福利，不是請客吃飯與娛樂活動，而是能讓優秀的成員在一起工作。網路時代的企業需要的是頂尖的人才，有這些人才可以吸引一批同樣能力水準的團隊成員加入進來，成為一個頂級的社群。

人們之間的融合度為零，未來將可能出現「個人即公司」。傳統的公司定義被打破，團隊變小、管理淡化、公司個人化。例如蘋果公司強調效率，無關人員不准參會。

管理層次上的實現廣義化、表演化以及外部化。管理上的廣義化傾向於以快節奏改變員工的狀態，用業務驅動員工。管理上的表演化是讓員工發揮出自己最大的才能，在公司的發展上人人都是主角。管理上的外部化是讓使用者廣泛參與，使用者的評價成為員工進步的驅動力。

這種模式下企業管理與業務發展的先後順序問題隨之消失，企業的管理與業務發展融為一體，而所有的公司管理與業務拓展都只為了一個終極目標 —— 生產使用者最為滿意的產品。產品成為企業發展的核心驅動力。麥當勞（McDonald's）的執行長職位已經消失，同樣 Twitter 也取消了這一職位，未來消失的職位範圍將會進一步擴大，管理將發生深層次的變革。

網路時代下的生存方式：產品型社群

由網路時代的生存結構與思維模式催生了網路時代的產品型社群的生存方式，這將會是一種新時代的社會組織形式，並以全新的連線方式獨立於家庭與企業組織。當然，產品型社群也不是網路時代企業生存的唯一選擇，但是這種方式卻是久經考驗而又歷久彌新。

正如同劉慈欣的《三體》（*Three-body*）所描述的高文明攻擊地文明使用「降維」所引發的低等文明全面崩潰般，網路時代的思維給工業時代的思維帶來的同樣是毀滅般的「降維」攻擊。網路時代透過去掉平臺、管理、毛利和行銷等維度，工業時代所遭受的必然為毀滅性的打擊。傳統企業要想在這個時代中生存下來必須學會降低維度。

企業在忙著降維之時，產品與社群這兩個的維度不但不能減少反要增加。網路時代的產品成本結構與效能屬性都發生了巨大的變革，工業時代產品承接的是某種功能，如今承載的卻是真實的情感。

成功的產品將會吸引眾多的使用者以及粉絲社群，在這些社群中還可以開展周邊產品及服務，實現價值創造。企業將自身的粉絲社群營運成功，使行銷寓於產品之中，產品不一定要實現盈利甚至可以虧本售出，但是其他的盈利方式將會使得企業獲得更大的利潤。網路時代企業要在使用者、粉

絲、市場上下功夫，實現產品與管理的深度融合。

　　網路時代企業之間的競爭是思維模式的競爭，一種新的技術可以在刻苦鑽研之後掌握，但是思維模式卻是最難改變的，網路時代的企業生存需要以一種全新的網路思維模式去思考與探索。

　　如特斯拉這樣的品牌，其真正的經營核心在於網路思維發揮到了極致，一個降維趨零的時代需要的不僅僅是產品的功能，更為關鍵的是這種情感的承載，產品型社群以一種全新的方式為企業帶來了新的思考。

　　人類社會的進化週期越來越短，農業時代到工業時代再到如今的網路時代所引發的社會變革都是一種徹底的顛覆，一些人甚至還沒有準備好去迎接網路時代。科技發展迅速的今天，人類對明天的事情將會越來越難以預測，但企業與其在這種時候慌亂焦慮倒不如認真思考如何用網路思維去發展自己，擁抱社群型經濟的時代需要企業用心去經營。

▌興趣型社群：

基於共同興趣、知識與分享的社群新模式

所謂的興趣型社群，是社群在發展初級階段的一種形態，是一群擁有共同愛好和興趣的人聚在一起進行交流和互動，興趣以及知識是他們在一起的共同話題。在網路時代，興趣社群是一種比較普遍的現象，例如母親論壇、遊戲論壇等都是基於對某些話題的共同興趣而展開的討論以及分享。

在行動網路時代所出現的社群在興趣以及知識的基礎上新增了更多的情感因素，與普通的社群相比，它們更傾向於是臣服於某些人格魅力個體或者品牌的粉絲群體。同時也開始推動社群過渡到粉絲社群生態。

興趣型社群在逐漸過渡到粉絲社群的過程中，粉絲在其中發揮了重要的作用，相較於普通的大眾消費者來說，粉絲行為是消費行為的一種昇華，是摻雜了情感元素的行為，因此對品牌發展來講，粉絲是一種重要的資產，是推動品牌成長的重要力量。

粉絲社群是一種具有較強組織性和關聯性的群落。正是因為對某種事物的強烈認同感才會發展成為粉絲，同樣這也是穩固使用者對事物之間關聯性的重要黏合劑。這種強烈的認同感是粉絲社群在各個領域行為表現的基礎，但是這種認同感只能在初期維持熱度，而不能帶來更持久的影響和消費動力。而要想讓粉絲社群帶來的影響和消費動力更長久一些，不僅要提升產品和服務，還要從粉絲角度出發去維護好社群關係。

在行銷方面，關注和利用好社群，可以有效地降低行銷成本，同時也可以獲得更多的使用者。因此企業應該深入挖掘粉絲社群，從中發現更多的價值和粉絲之間的關聯需求，抓住有利商機，實現新的飛躍。

這就是在社群時代新定義的一種遊戲規則：利用社群去定義和挖掘使用者，透過對社群的深入挖掘取發現產品的延伸需求。相對於過去先定義產品，再去找消費者，而後經營使用者的做法來說是一種進步。

社群角色 VS 參與度

根據社群中成員的參與度以及變化，美國數位行銷專家 Lave 和 Wenger 將其劃分為五種人。

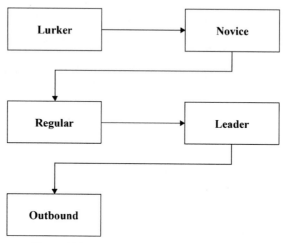

圖 3-5 按參與度劃分的社群成員的五種角色

★ Lurker（外圍的）：來自於外圍的使用者，參與度比較低。

★ Novice（新手）：剛加入社群的使用者，積極地參與和分享。

★ Regular（常客）：比較穩定的社群從業者，能夠積極參與到社群活動中去。

★ Leader（領導）：積極鼓勵和管理使用者參與社群活動，同時為其社群活動提供重要的支持。

★ Outbound（出走）：因為定位的變化或其他原因而脫離網路社群。

社群成員的成長軌跡

將使用者發展成為社群成員也需要一段成長過程。

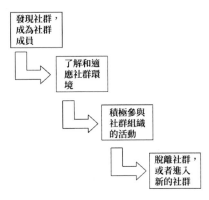

圖 3-6 社群成員的成長軌跡

★ 首先是因為某些興趣和愛好而發現社群，透過註冊成為社群成員。

★ 在社群中潛水一段時間逐漸了解和適應社群環境。

★ 在逐漸適應了社群環境之後，積極參與社群組織的活動，貢獻自己的力量；如果能在社群活動中做到專業、專注，那麼就有可能成為社群的領導者，從而在網路社群中建立一定的地位。

★ 因為興趣或者其他原因逐漸脫離社群，或者進入新的社群。

事實上，不管是社群成員還是一個網路產品都有一個比較相似的成長軌跡，因此我們也可以據此來分析各類社群平臺的成長軌跡以及沒落趨勢。

每一個社群都有一個生命週期，不可能永遠保持在一種繁盛的狀態。如果社群中的領導或者中堅力量等核心成員開始發生遷移，那麼也就預示著整個社群即將走向衰弱。在社群發生遷移的初期，如果能夠及時採取措施，讓社群能得以休養生息，那麼就可以有效緩解社群的瓦解危機，並獲得延長時間，得以培養新的領導者和中堅力量，重新恢復社群的生機和活力。

社群角色 VS 社群行為

根據社群行為可以把社群成員分成六種角色。

圖 3-7 按社群行為劃分的社群成員的六種角色

★ 創造者：經常寫文章、部落格或者上傳影片的網友。在美國創造者的比例占到了 18%，而韓國占到了 38%，排在第一位。

★ 評論者：針對網路上釋出的內容做出相應評論的人，例如，在網友的發文或者部落格中留言；針對發文內容發表自己的觀點；編輯維基百科等等。

★ 收集者：藉助 RSS（Really Simple Syndication，簡易資訊聚合）、社會化書籤等工具廣泛收集資訊並整理的人，使其更具系統性和專業性。

★ 參與者：參與維護個人主頁和個人資訊更新。

★ 觀看者：一般是指觀看訊息的人，如觀看社群平臺文章、部落格、影片、論壇和相關的評論以及回覆的人。由於他們不需要針對內容做出回應，因此觀看者的門檻比較低，人數也比較多。

★ 不活躍分子：基本上不參與社群活動的人。

　　隨著社群的發展，未來網路將朝著部落化的方向發展，企業在行銷過程中可以更精準地抓住使用者，透過網路社群鎖定自己的使用者群體，從而將廣泛的行銷傳播變成一種定向傳播行銷。同時，部落化的趨勢將推動網路上社群的建立，為更多的粉絲建構自己的精神家園。

▌品牌型社群：

以社群行銷為核心，提升品牌忠誠度

　　社群本是指地域上聚集在一起的人與人之間的關係。隨著社會的不斷發展，社群的意義逐漸轉變為與使用某一產品或品牌相關的人與人之間的連繫。特別是在今天的「網路＋」時代中，基於新型行動社群平臺的網路社群層出不窮。社群經濟的崛起顛覆和重構了企業傳統的商業運作模式，未來企業的競爭將更多地依賴於圍繞核心品牌的社群建構和經營能力。

　　所謂品牌社群，是指「建立在使用某一品牌的消費者所形成的一整套社會關係基礎上的、一種專門化、非地理意義上的社群。」

　　一方面，在內在心理上，消費者對品牌所宣揚的體驗價值和形象價值有著高度的認同和共鳴，品牌社群透過情感紐帶將不同時空的消費者連線起來。另一方面，在行為表現上，社群中的消費者會聚在一起（自發或由品牌擁有者發起），透過共同的儀式慣例，形成對品牌符號圖騰般的崇拜和忠誠，形成強烈的歸屬感。

品牌社群的形成

（1）前提條件

品牌社群概念反映的是以某一品牌為中心的社會集合體，強調的是基於對某一品牌的使用、情感和連繫而形成的消費者與消費者之間的關係。因此，品牌社群的形成就離不開兩個必要的前提 —— 品牌和消費者。

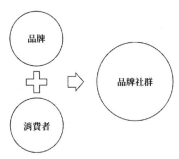

圖 3-9 品牌社群形成的兩個前提

一方面，企業需要塑造出具有自我核心理念的獨特品牌。特別是在「網路＋」時代的市場競爭中，消費者越來越追逐個性化、多元化的消費體驗。這要求企業的品牌要具有獨特的內涵、生動的故事、持久的文化積累等要素，以此吸引消費者凝聚在品牌周圍。

另一方面，互動連線是任何社群形成的基礎。品牌社群的建構離不開消費者的參與互動。企業應該精確定位消費者

的不同需求,如獲取訊息和利益、進行社交和娛樂等,透過多種手段激發消費者參與品牌互動的熱情。

（2）品牌社群的整合

有了核心的品牌基礎和消費者的積極參與,品牌社群就已初具雛形。下面要做的就是如何圍繞品牌將不同時空場景的消費者和零散的互動整合起來,形成一個具有巨大商業價值和情感歸屬的正式社群,品牌社群整合的兩個關鍵。

圖 3-10 品牌社群整合的兩個關鍵

▶共同的儀式和慣例

在社群整合時,具體表現為入會儀式、教育活動、才藝展示、競賽活動、節慶活動等內容。這些儀式和慣例是品牌社群整合十分重要的環節,也是品牌社群能夠長存的關健。因為品牌和品牌社群的價值意義正是透過這些共同的儀式和慣例得以複製和傳遞的,社群所共有的歷史、文化和意識也因此得以傳承。

共同的意識及責任感

　　責任感是指社群成員感到自己對整個社群和其他社群成員負有一定的責任或義務。當社群成員參與了上述共同的儀式和慣例活動以後，就會擁有圍繞品牌的優質體驗，並認同品牌價值和社群文化，最終形成對品牌和品牌社群的共同意識和責任感。

　　上述兩個方面的整合，讓聚合在品牌周圍的消費者有了初步的社群共識。然後，透過不斷的品牌活動，社群成員的這種共識得以不斷強化，最終形成一個具有強大凝聚力和歸屬感的品牌社群。

▋ 品牌社群的價值

　　社群經濟是「網路＋」時代商業發展的必然趨勢。圍繞核心價值品牌，建構出能夠吸引大量粉絲的品牌社群，將成為企業爭奪網路流量的重要手段。

　　透過品牌社群，企業可以與消費者建立起強關係，提高消費者對品牌乃至整個企業的忠誠度，使企業始終擁有一批高黏著度的使用者群。同時，品牌社群是基於社群平臺而建構的，而這些行動社群平臺本身就具有傳播屬性，能夠為品

牌進行靈活的口碑行銷，既節約了品牌的宣傳成本，又增加了產品的銷量。

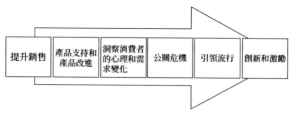

圖 3-11 品牌社群的價值

（1）提升銷售

這裡的提升銷售，主要是指當品牌獲得了社群中粉絲的高度認同和信賴後，可以向使用者推薦其他相關的衍生產品或更新服務，以獲取更多的商業價值。

★ 介紹相關或輔助產品：例如美利達腳踏車（MERIDA BIKES）可以向自己的粉絲推薦衣服、手套、安全帽、碼錶等相關的騎行裝備。

★ 成為某級會員後贈送禮品的活動：會員分級制能夠激發粉絲的消費欲望，對於很多企業來說是一種很有效的提升銷售的方式。

★ 捆綁加量：如商家向客戶推薦 10 次或 20 次的美容套餐，而不僅限於一次美容服務。

★ 更新活動：如戴爾（Dell）「把 17 吋顯示器變為 19 吋顯示器，只需 200 元」。

（2）產品支援和產品改進

產品支援是針對品牌社群粉絲而言的。例如，微軟（Microsoft）可以為購買了 Office 軟體的使用者提供售後安裝、更新、客服等服務。產品支援是優化使用者體驗的重要一環，可以提升粉絲對品牌的忠誠度。

產品改進則是透過社群中的互動，品牌獲得產品意見回饋，並針對性地改善。

（3）洞察消費者的心理和需求變化

社群的最重要作用就是透過互動來達成資訊的連線、獲取和交換。對於企業來說，品牌社群內與粉絲的積極有效互動溝通，可以更準確地洞察到消費者的心理和需求變化，及時把握瞬息萬變的市場最新情況，以採取有效的行動優化粉絲體驗，應對市場變動。

例如，一些新一代手機企業在正式推出新款產品前，會以低價向粉絲發售「工程機」，以此來收集回饋訊息，並及時做出改進。企業透過品牌社群中粉絲的回饋，準確感知到了使用者的需求，完成了消費者洞察，並避免了大規模的負面上市場回饋以及節約了大量售後成本。

（4）公關危機

品牌社群的價值還展現在對品牌危機的有效應對上。因為品牌社群內聚合的是一批對品牌有著情感價值認同和歸屬的消費者，因此當出現品牌危機時，他們會主動想辦法消除負面影響。例如，透過行動社群平臺的口碑傳播，引導相關輿論的發展趨勢。

更重要的是，與傳統媒介傳播相比，品牌社群的訊息傳播更加自由高效。這使企業可以在第一時間獲取品牌的危機訊息，並針對相關問題 7×24 小時的隨時回應，以快速善後及重塑品牌信譽。

（5）引領流行

社群平臺兼具社交互動和媒體傳播的屬性，而且某些平臺在社群訊息上傳播更加自由高效，具有病毒式傳染的特點。例如，某個明星可能只有幾萬個死忠粉絲，卻可以透過粉絲社群的病毒式擴散效應，帶動更多人去關注他／她，進而形成一種潮流。

對於企業和品牌來說，社群這種引領流行的傳播特點有著極大的商業價值。品牌只要建構出了一個成熟的品牌社群，就可以透過粉絲的不斷分享，形成口碑傳播效應，吸引到更多的消費者關注和選擇該品牌。

（6）創新和激勵

品牌社群使企業與消費者及時有效的互動溝通成為可能。這使企業可以及時了解使用者和市場的需求變化，有針對性地提出適宜的解決方案。例如，改進產品效能以提升使用者的品牌體驗，強化粉絲對品牌的忠誠度和歸屬感；或者拓展新的銷售管道，吸引更多粉絲。

品牌社群的種類

品牌社群的種類可以從兩個維度來劃分：存在形態和產品品類。

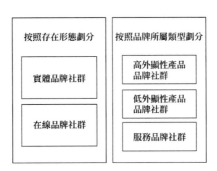

圖 3-12 品牌社群的種類

（1）按照存在形態劃分

存在形態是指品牌社群的成員主要是以怎樣的方式來交流互動的，一般可以分為實體品牌社群和線上品牌社群。

實體品牌社群

在實體品牌社群中,成員之間主要是透過定期或不定期的集會,或者品牌擁有者組織的品牌活動,面對面的交流分享。這種面對面的互動方式,往往對社群成員的態度和認知具有直接和即時的影響力。

不過,需要指出的是,除了品牌因素以外,對產品所代表的生活方式的體驗和分享,是促使成員聚合起來的更重要的原因。

線上品牌社群

相比於上面的實體品牌社群,以網路為載體的線上品牌社群更能代表社群經濟的發展趨向,也更能展現出品牌社群在「網路+」時代下的巨大商業價值。

像 StarTrek(星際迷航)、星戰迷等線上品牌社群,社群成員主要是透過論壇、個人主頁、部落格等平臺交流和分享品牌體驗和認知的。雖然線上互動不像面對面的交流那樣,對成員的行為和認知具有直接的影響。但是,這種互動卻超越了時空場景的限制,將更多的使用者聚合起來,極大地擴大了品牌的知名度和影響力。對於企業來說,這種線上品牌社群顯然具有更大的商業價值。

（2）按照品牌所屬類型劃分

根據品牌所屬產品品類的不同，可以將品牌社群大致劃分為三種類型：高外顯性產品品牌社群、低外顯性產品品牌社群和服務品牌社群。

消費者圍繞品牌形成社群，除了認同品牌所傳達的價值理念以外，也是為了透過這種品牌符號表達自我、展現個性，尋求群體認同和歸屬。顯然，具有高外顯性的產品更符合使用者彰顯自我的需求，也是當前較多的品牌社群類型。

品牌社群的建議

（1）找出品牌社群的定位

誠然，一個成功的品牌社群可以為企業帶來巨大的商業價值，社群經濟也是「網路＋」時代企業的轉型方向。但是，這並不意味著所有企業都要一窩蜂地立刻建立自己的品牌社群。品牌社群的建構不是企業某一個部門或環節的事情，它是一個涉及企業執行各個環節、需要所有部門合作的系統性工程。

因此，企業首先要做的是對品牌社群定位，考慮品牌社群的塑造是否有必要，它在企業整體發展策略中的角色地位等。

★ 公司是否經過策略性的考慮，認為品牌社群的建設必不可少，有足夠的動力和熱情？還是只是順應時髦的跟風衝動？對品牌社群是否有足夠的理解，而不只是把它作為一種新型的廉價行銷方式？

★ 品牌社群是圍繞消費者建構的。那麼，企業需要考慮：使用者是否真的需要社群？如果需要，他們又希望從品牌社群中獲得什麼，是更優質的產品體驗和服務？還是更多的互動和參與去展示個性和情感歸屬？

★ 品牌社群是十分有效的傳輸品牌價值、獲取使用者產品和服務回饋訊息的方式。但是，對於企業來說，當前的模式是否真的無法做到這些，而必須建構社群？與其他途徑相比，建構社群是否最有價值？

★ 品牌社群的建構是一個系統性、整體性的工程，企業要結合自身實際情況，考慮當前是否有足夠的資源（人力、技術等）來支撐社群的建設？

（2）明確社群營運成功的幾個基本要素

當企業準確定位了品牌社群之後，還需要明確下面五個要素，以保證社群的成功營運。

★ 絕對的信譽：對於企業來說，信譽關係著社群粉絲的品牌體驗和忠誠，是社群存在的根基，也是品牌能夠留住

粉絲的重要保障。因此，哪怕只是社群成員一點小小的疑問，社群營運者也要盡全力去解答，以優化粉絲品牌體驗，形成良好的口碑效應。

★ 簡單：人們在網路時代追求的是一種簡單、快捷、高效、舒適的互動方式。因此，品牌社群的建構要迎合使用者的這種需求，互動規則簡單易懂，互動語言輕鬆、活潑，以便讓社員感覺簡單、舒服。

★ 價值出乎意料：要定期或不定期地為社群成員提供期望之外的價值，給粉絲意外的驚喜，如此才能牢牢抓住粉絲，並吸引到更多的使用者。

★ 使用者合作：以使用者為中心，與社群成員合作來管理和經營社群，讓成員真正把社群看作是「我們」的。

★ 連線：除了品牌與社員之間的連線，還要注重社員之間的互動作用和價值連線，以滿足社員的多層次需求。

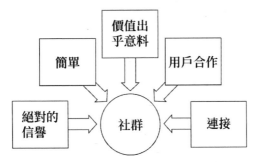

圖 3-13 社群營運成功的五個基本要素

（3）認清職責，各司其職

找出了品牌社群的定位，釐清了社群成功營運的基本要素之後，企業下面要做的就是具體定位社群各個參與者的角色職責，制定社群的營運規則，探索社群的營運技巧。

建立者：一個成功的品牌社群，需要建立者（品牌方的社群營運）提供好以下三項服務。

設定合理的內在動力機制：如會員分級制，透過獎勵得分、晉級到更高級別會員的方式，激勵社員積極參與社群互動。

匯入外在資源：如不定期的活動、優惠，為社群成員提供驚喜，牢牢抓住粉絲。

足夠高的自由度：以使用者為中心，尊重社員的個性特質，讓社員在已制定規則之下自由玩耍。

監督者與連結者：監督者的職能主要是引導和把控社群觀點，盡量規避負面效應，具有權利屬性；連結者的職能強調內容的共享與傳播，即讓品牌與社員、社員與社員之間進行有效的互動連線，以發揮出品牌社群的價值。

社員（群眾）：社員是社群真正的主體和中心，品牌社群的營運就是為社群成員服務的，他們的體驗決定了社群的價值所在。因此，社群營運至少要注意以下三點。

★ 公平參與：「不患寡而患不均」，要讓社員公平地參與到品牌活動中，不因人而異。

★ 權利透明：尤其是在選擇、投票的時候，要讓社員感覺到自己的聲音，如此才能強化歸屬感，讓粉絲真正把社群當作是「我們」的。

★ 晉升機制：透過會員分級制度，讓積極優秀的社員享有更大的許可權，甚至可以發展為社群內部的連結者和監督者，以此激勵社員積極參與社群互動，努力向更高等級會員發展。

確定社群的營運規則

品牌社群其實就是一種以消費者為中心的關係網，其存在的意義在於為消費者提供與品牌相關的不平常的消費體驗。因此，圍繞品牌建構的品牌社群，必然帶有品牌自身的特質。品牌社群的營運首先要制定出一個符合品牌自身特性的規則。

規則簡單明確，容易記憶：例如，在社群裡定期組織一些互動，可以是分享產品體驗，或者是對某一話題的討論，甚至是交易。最終目的是培養粉絲的社群期待心理。

注重社群的連線屬性：社群的價值主要展現在連線上。品牌社群要根據自身的產品特徵，在活動中突出連線屬性，以實現社群價值。如成員分享會、產品拍賣會。

社群營運的一些技巧

在確定社群的營運規則以後，企業在品牌社群的具體營運中還要注意以下問題。

在增長期，利用持續的、低門檻的活動讓新使用者駐留。

透過有吸引力的內容提高閱讀率，讓使用者養成每天進社群的習慣。

活動規模可以小，但不可貪大而失控。

放大社員產生的有益內容，鼓勵使用者參與。

熱情、誠懇、快速響應。

堅決避免與粉絲的衝突，勇於認錯和道歉。

▌組織型社群：

知識導向的組織變革與企業價值鏈創新

社群經濟就是利用社群創造生產力。那麼，何為社群呢？著名美國電腦學者勒維斯說：「每個人心中都有原始的部落情節。」只有與我們心靈深處的那種農業時代的部落意識相契合，才會是一個成功的行銷。

組織社群化，人們擁有共同習慣與愛好的可以組成一個社群，從而可以將資源更加有效地配置與利用。

▌社群經濟不是粉絲經濟

首先，我們要區分社群和集體這兩個概念。社群注重個體的主動性，它強調個體活躍度，以及在與整體合作時的個人意願。而集體中的每個個體處於被動的地位，強調的是個體的服從與犧牲。所以，我們不應該具有千篇一律的「集體主義」傾向，否則，各式各樣的網路社群現象就無法出現了。

其次，粉絲經濟與社群經濟是不同的兩個概念。蘋果手

機就是一種典型的「粉絲經濟」，它是建立在粉絲群體和被關注者（大多為明星、行業名人等）之間的經營性創收行為，這與社群經濟是不相吻合的。社群經濟如果強調的是一群人的情感歸宿和價值認同，那麼，這個社群就應該是有範圍的，社群內的成員越多，價值觀就難以統一，情感分裂這種情況就越容易發生。

線上下的社群（或社群）中，人與人之間的橫向溝通至關重要。但是在像蘋果這樣的「粉絲經濟」中，眾人的向心力過強。人們利用網路所散播的庸俗化思維使價值觀貶值，人與人之間的情感過於脆弱。

鑑別社群的著眼點之一就是：社群管理者是以一種平等的姿態發揮著類似BBS（Bulletin Board System，電子揭示版）版主的職能，而不是扮演一種「領袖」的角色。所以，社群管理者不扮演「領袖」角色，就是要做到群而不結幫派。

社群管理者將產品推向社群成員，而社群本身又作為一種產品被管理者推向外界。由此，在社群中形成了「雙重產品」的現象。

當然，儘管「雙重產品」中，社群經濟將社群的影響力推向了外界，但還是以群內的生態為主。劉泣在《天鴿啟示錄：社群經濟的裂變啟示錄》一文中提到一個尤為重要的概念 —— 帳號體系。帳號體系是否穩定直接決定了社群內的生

態可否自行運轉起來。例如 Google 以搜尋引擎作為起家，也是在早期就推出了 Gmail 服務。

帳號體系包含多種形式，大致分為兩種，一種是貨幣化的帳號體系，另一種是情感化的帳號體系。而所謂的社群人格化，就是讓社群內成員之間彼此了解、信任和關懷。

在一個社區內，人與人之間見面不說話，彼此不熟悉，形同陌路，這就不算是一個社群。但是，在社區中若存在一個叫 mini 的「遛狗」飼主，起初人們可能會因為在一起遛狗而彼此認識，狗狗在一旁玩耍的時候，人們就聚在一起閒談，久而久之，人們就慢慢熟知了，從而建立起了信任關係。只有彼此之間建立起了信任關係，人與人之間才會有真誠的關懷。

在這種情況下，每隻狗都是一個帳號。

這種以一個帳號建立起來的信任社群在現實生活中很是常見。因為彼此之間建立起了信任，大家才會敞開心扉交流各種事情。這時你會發現，寇斯（Ronald Harry Coase）所言的價格發現成本低得出乎意料。也就是說，社群內的資源分配方式使交易成本大幅度降低，與市場資源分配方式完全不同。

橫向溝通在社群成員之間發揮著至關重要的作用。當然，很多人把社群就認為是「圈子」，如果以帳號、信任、

自裂變和橫向溝通這 4 個標準，社群與「圈子」等同也是可以理解的。不同的一點是，社群作為一個商業模式，它是以形成一個統一的交易模式為目的。但是，「圈子」把人與人之間的利益交換或者情感寄託作為重點，「圈子」是可能轉變成社群的。

與外界全然沒有連繫的封閉社群在網路上是不存在的。如果使用者遷移需要的成本極低，甚至為零，那麼他們是具有主動性的。同時，網路提供給使用者的「比價機制」深受他們的喜愛，產品或服務的價格毫無保留地展現在使用者的面前，這樣，使用者可以在線上比較價格。

對組織社群化的想像

傳統行業在看清形勢之後，正在積極努力地轉型，把僵硬、封閉的組織網路化。然而，網路化就是終點嗎？

與網路化組織可能同時並存一個「平行組織」，也就是我們所說的社群型組織。這相當於一個以知識為導向的二次元空間。

「情感」是維繫社群的紐帶，但是對於企業，當企業的價值與使用者的觀念相連接時，使用者從中才會產生價值認同感，然而，這種情感並不能從整體上反映出一個企業內部細胞之間的連繫緊密度，因為「情感」很多時候都是不堪一擊的。

　　一些傳統行業實施組織變革，第一步是將堅固的金字塔完全打破，形成網狀；第二步則是以節點為中心，帶動周圍的組織進行延展或伸縮。但是，單一的節點是否真地能夠帶動周圍的組織邊界，實現資源的快速而有效的分配呢？對節點的過度依賴可能會出現兩點問題。

★ 網狀組織的創新能力完全取決於單一節點的活躍能力。如果把單一節點等同於個人，那麼對節點的活躍度的要求就相當於對個人能力的要求，個人的能力是有限的，固然，單個節點的活躍度也是有限的。一個人具有過強的能力，他就能找到過強的資源，當然你也不能忽略這個具有強能力的人的成本。用寇斯理論解釋就是，發現機制在為你創造價值的同時，它本身就會帶來成本。

★ 母體發出的訊號決定了節點的行為，從而影響組織的創新能力。如果由母體發出的訊號本身的創新價值就不高的話，節點就很難充分展現它的價值。由此看來，節點處於一種被動狀態。就如張瑞敏所說：在錯誤的指示下做正確的事也是在白費功夫。

　　這時，社群的優越性就突顯出來了。組織內社群就是大家自行發起聚合的一個知識型組織，它是以大家共同認同的知識圖譜和價值觀為基礎，而形成的一個虛擬組織。也就是

說,「知識」在這個社群中相當於一個坐標系,將組織中的成員連繫起來。社群就相當於一個獨立於現實的經營單位之外的虛擬的,或者說是「超文字」的組織。人們根據組織中的設定的不同「標籤」自動歸類,與 Web2.0 網路社群如出一轍。

組織的創新具體表現在產品的創新中。日本野中郁次郎將產品的創新分為了兩種:產品概念的創新和產品功能的創新。產品概念主要是針對「產品是什麼」這一問題的解答,使用者透過產品概念可以了解到該產品的基本價值。如 Walkman(個人隨身音樂播放器)的出現,就改變了使用者對產品的評價維度,人們更注重便攜性,因此音質不再排在第一位了。而產品的功能性創新,主要針對產品的內部元素以及整體規模,正如克里斯滕森所說,它強調的是透過運用新技術對產品進行突破性改造。

然而,透過比較,我們發現野中郁次郎比克里斯滕森的高明之處在於:知識環境的創新要比產品環境的創新視野更加開闊。

產品的功能性創新有兩個知識維度 —— Know-Why 和 Know-How。Know-Why 即清楚產品的原理,Know-How 即了解產品的整合。但是使用者真正想要的是 Know-What,讓使用者知道產品是什麼,根據什麼評價產品。

因此，要想迎合使用者的要求，組織就要想辦法激發員工的「Know-What」，野中郁次郎認為，人們視角的差異性決定了產品系統本身具有多樣性，所以產品會呈現出多種面孔，而面孔是衡量產品差異化的重要標準。

由於人與人之間視角的差異，組織可以將同一款產品分給幾個不同的小組，同一小組的人們具有相同或相似的視角，於是同組人員可以根據自己的理解對「Know-What」闡釋、定義。賦予產品定義，其實就是讓使用者從不同的維度對產品做一個詳細地、多方面的了解。

每個小組的核心就是大家對使用者的價值觀具有相似的看法，如當小組決定要做一個具體的項目時，小組成員可以把自己所學到的知識或所擁有的技能分享給大家，從而形成了一個知識互相轉換的「場」。

小組內不存在絕對的權威，只是存在一個梳理大家提供的意見的、組織大家進行交流的並提供服務的發起人，例如提出談話內容、制定談話規則、強化價值觀念等。這類小組就是一種理想化的社群，它不是以經營核算的單位，而是一個虛擬的組織。它完全由志趣相投的人自由地結合在一起，而不是以市場為導向。如果把企業看作一個大的平臺的話，那麼各個社群就是一個個小的平臺。

就拿冰箱的價值這一題目作為基點，不同的人就會從不

同的視角來分析，從而有著不同的看法，於是就可以分成幾個社群。「冰箱就像一個保鮮盒使食物保持新鮮」、「在孩子的想像中，冰箱在任何時候都是極地」、「冰箱是把菜籃裡的水果蔬菜等食物聚集的地方」等。這幾種不同的概念反映了使用者對冰箱的幾種不同的看法，展現了冰箱的不同價值，也可以把這些概念看作「冰箱」這個總概念下的子概念，員工可以根據這些子概念，按照自己的所學所得、愛好能力找到符合自己的那個分類，社群自然而然就形成了。

就像論壇規劃的最初幾個標籤都是由建立網站的人自己設定的，後來是靠使用者根據自己的理解慢慢生成的。此外，這樣的社群沒有邊界的劃分，這就促使了成員的廣泛。

一個社群的管理者如果想把社群搞得活躍些，不可能依賴組織內的成員所具有的知識與能力，而是需要尋找大量的與自己理念相同的線上資源。只有這樣，在不同的知識維度內，組織才可以將資源快速而有效地分配。

社群的形成並非由市場做導向，它屬於一種超文字組織，是知識聚合的一個平臺站點。與前文所提及的單一節點的兩大缺陷相比，社群的價值在於：社群可以單獨作為資源節點；由母體向節點發出的訊號有多種。雖然母體是根據使用者之間的相互交流之後發出訊號，但是使用者並非總能將自己的需求表達清楚，所以，這種由互動而產生的訊號有可

能會引起方向上的錯誤。所以，社群就作為一個收集網羅眾人意見的平臺，為組織提供全新的視角。

從另一方面來講，小組營運的各項成本均由組織平臺承擔。所以標籤越密集，成本越大，資源浪費也越嚴重。這時，組織就要對標籤的設定有效管理，做出準確判斷並篩選，從而減少資源的浪費。

概念可以各式各樣，但是在社群內，就要篩選掉不相同的概念，從而可以控制社群的數量和品質。另外，還可以將社群分為大社群、小社群、微社群不同的層級，這樣既可以保證每個人都可以參與其中，而且還能有效降低資源的浪費。

Part4

社群生態下的粉絲經濟：

粉絲效應引發的商業裂變

▌粉絲經濟的價值：

未來十年，行動網路產品的最後機會

「粉絲經濟」雖然已經成為行動網路時代的熱門詞彙，但相當長的一段時間裡，我們都把「粉絲經濟」一詞與娛樂產業連繫起來。實際上，粉絲經濟已經完全脫離了娛樂產業這一範疇，它早已被日漸興起的行動網路賦予了新的含義。

一方面，行動網路為粉絲經濟提供了新的平臺，讓粉絲之間可以更加緊密地連繫交流；另一方面，現在新型娛樂明星的出現，與傳統的娛樂明星走紅方式完全不同，在行動網路時代下，粉絲經濟已經幫助小米、蘋果等商業品牌、許多新興自媒體，還有很多行動網路產品實現變現。

因此，粉絲經濟很有可能成為未來十年，在迅速發展的行動網路領域中的一個亮點。

▌粉絲經濟：曝光

由於現在社群、訊息傳播平臺都是大家經常登入的，所以粉絲們經常會利用這些平臺傳播曝光偶像。

　　粉絲之間透過互動，就創造了更多關於偶像的回憶。所以，由互動引起的曝光率的增加，再到可傳播內容的增加，到粉絲量的增加，最後形成了更大的曝光率，這樣的往復循環模式，就是當下最有利於造星的娛樂產業行銷模式。

　　在行動網路時代，粉絲可以充分利用網路平臺，藉助行動時代的便捷工具，隨時隨地關注明星的動態，粉絲之間還可以互動、分享，從而，粉絲和明星之間產生較強的關聯。這就形成了娛樂產業全新的行銷方式 —— 粉絲經濟。

　　如果明星品牌的塑造直接關係到明星是否能夠走紅，那麼粉絲對品牌的支持力度就發揮著至關重要的作用。當一個粉絲對某個明星或者品牌產生興趣，他自然會在社交、訊息傳播平臺上轉發散播，從而引起其他粉絲的興趣，形成粉絲團，針對粉絲們不斷分享資訊的行為，他們取了個暱稱叫「推坑」。

　　然而，粉絲經濟已經不再僅僅應用於娛樂產業，許多手機廠商都看到了粉絲經濟所帶來的效益，他們也正在透過行動網路技術，不斷聚集粉絲，為自己的品牌創造影響力，從而達到促銷的目的。

▌粉絲經濟：「移動社交＋自媒體」或成變現突破口

　　自媒體熱潮讓「粉絲經濟」成為大家常會掛在嘴邊的詞。

自媒體熱是粉絲經濟藉助行動網路成功的典型案列。凱文・凱利（Kevin Kelly）提出的「1,000 個死忠粉絲」理論是自媒體熱的理論基礎。他認為，不管是從事創作還是藝術工作的人，只要你擁有 1,000 個死忠粉絲，他們對你的產品會全盤接受，你就不會被淘汰。

粉絲經濟在如此火熱的今天，它正在努力解決多年來行銷人員的難題 —— 實現真正意義上的變現，將行銷轉化為可見的價值。

粉絲經濟：未來十年的行動網路產品的最後機會？

我們了解了粉絲對於品牌的重要影響力，知道要想實現真正意義上的移動變現，就需要了解粉絲的需求，根據他們的期望制定令他們滿意的產品，只有這樣，才能讓粉絲真正參與到品牌的塑造過程中，直到他們願意為品牌買單。這也為行動網路實現價值提供了機會。

近幾年，不少影視平臺主推粉絲經濟，特地訂製了綜藝節目，讓明星與粉絲可以即時透過留言來互動，還邀請了影視劇節目劇組主要演員參與節目的錄製，留言互動數據讓人出乎意料，最高峰時期 1 小時超過了 5 萬則，在高畫質直播的某主演的個人演唱會上，更是有百萬網友即時參與。一時間在社群平臺上引起網友們的關注，點閱次數竟達 4 億多。

　　影視平臺不僅在縱向上讓粉絲參與互動，而且也從橫向上將粉絲經濟融入產品之中，邀請明星參與行動端的推廣，把這些明星形象放在影視平臺的頭條或者封面上，引來了600多萬使用者的喜愛，在吸引了大量粉絲的關注之後，也提升了粉絲與產品之間的黏度，從而讓粉絲死心塌地地使用產品。

　　行動網路行業依靠粉絲經濟為其帶來了一大批年輕使用者，那麼，要想長久地留住這些年輕使用者，就要想辦法挖掘粉絲經濟的潛能。這些使用者他們精力旺盛，具有強烈的好奇心，願意為自己的愛好、追求買單，具有一定的消費能力，他們喜歡那些符合他們性格與特質的新穎廣告，願意為自己的興趣而分享給他人。所以他們在產品端的付費變現和流量廣告變現中都是行動網路行業的忠實使用者。

　　在未來十年，這群年輕的使用者也將支撐著行動網路領域實現真正意義上的變現，對於個人、企業甚至整個行業來說，正在蓬勃發展的行動網路領域能否挖掘粉絲經濟的潛力，這將是未來十年能否取得不敗之地的重要一環。

‖粉絲經濟＋產品營運：

如何利用粉絲經濟打造極致產品？

　　行動網路的推動下催生了一種新型的經濟模式 —— 粉絲經濟，它更加強調的是擁有龐大數量的忠實粉絲群，即使你的產品或者服務與同行業競爭者相比並無優勢，而產品或者服務一樣可以熱賣。但是許多人往往把粉絲經濟理解為使用者群多，但是殊不知在一些規模龐大的平臺上使用者群與粉絲差別很大，他們只是一批興趣愛好趨同的人構成的一個個話題討論社群，因此只能勉強算是社群經濟。

　　普通的社群經濟與粉絲經濟有著本質上的差別：社群經濟下社群互動主要以功能為主，感情交流占次要地位；粉絲經濟的交流則更傾向於感情交流，而且這種經濟模式的消費原動力也是感情。

　　以粉絲經濟而言可以分成三個步驟去實現。

```
┌──────────┐      ┌──────────┐      ┌──────────┐
│          │      │ 產品的自 │      │          │
│          │      │ 行推廣   │      │          │
│          │      └──────────┘      │          │
│ 產品基礎 │                        │ 產品的內部│
│ 的建立   │                        │ 生態和轉化│
└──────────┘                        └──────────┘
```

圖 4-1 實現粉絲經濟的三個步驟

產品基礎的建立

當然粉絲也是建立在某種特定的 IP 之上，還且這種 IP 能夠滿足粉絲經濟的需求，在產品的品質上能夠經得起時間的考驗。

產品的 IP 製作之路就是以產品的形象為維繫使用者與產品之間關係的基礎，使用者體驗到了產品的功能之後回到產品本身，最終留下在使用者頭腦裡的印象就是產品形成的最終形象，IP 塑造過程也趨於完成。但在這一過程中還有三點需要我們注意。

★ 產品本身就具有某種個性與特色，毫無特點的產品很難給使用者留下印象，更談不上形成粉絲經濟。

★ 產品的品質不能存在明顯的缺陷，一些產品可能存在某種不足，但是這些不足不能影響使用者使用時的產品本身質量。

★ 產品與使用者建立連繫的方法都有各自的側重點，例如，遊戲主要是透過遊戲的語言交流，主要是人與 NPC（Non-Player Character，非玩家角色）或者人與人之間的交流；偶像明星則是依靠小劇場的演出與消費者建立連繫；影視作品與使用者建立連繫的方法是劇情設計及鏡頭畫面……

這些粉絲經濟的產品和傳統的品牌產品有一定的相似之處，但是粉絲經濟的產品更加注重於產品設計的個性化，而

不是傳統品牌產品的按照標準精耕細作，當然這背後和傳播
體系的建設以及製作設計的發展程度有著很大的關係。

　　粉絲經濟的產品由於具有一定的個性與特色，因此不宜
採用面向大眾的推廣方式，但是身為產品使用者最為核心的
種子使用者必須要做成功。粉絲經濟的產品的品質標準最為
關鍵的就是在短時間內獲得消費者的認可，抓住消費者最為
注重的核心關注點，一舉獲得成功，這樣才能為粉絲經濟的
發展打下堅實的基礎。

▍產品的自行推廣環節

　　「自行推廣」模式和最近興起的 SNS 病毒式行銷有一些
相似點，原理都是基礎使用者群規模越大，推廣行銷的效果
就越好。「自行推廣」是一種利用產品的穩定且不斷更新的
品質來逐漸擴大使用者群體的行銷方法。產品使用者的分類
方法有多種，在這裡將其劃分為核心使用者、潛在使用者和
跟風使用者，獲得一定規模的核心使用者與潛在使用者後，
產品具備了一定的向社會推廣的實力，從而一層層地逐級推
廣，使用者的數量得到穩定提升。

　　粉絲的「自行推廣」就是粉絲在產品的推廣高潮時期配
合產品的生產商的主動推廣，和大眾形成互動，吸引更多的
使用者關注產品。「自行推廣」和傳統的刷榜方式區別較大，

刷榜方式更傾向於一種由金錢推動的交易行為，參與的人都沒有投入真正的熱情，「自行推廣」的方式更依靠粉絲的主動傳播，充滿著真誠的熱愛與誠摯的熱情，會引發人的思維產生共鳴，由此帶來的產品推廣效果更為理想。

在從粉絲向大眾推廣的過程中，產品必須具有一定的個性，否則如果在產品生產上精耕細作，依靠傳統的和同類產品比拚品質，大眾一定會把該產品與已有的同類型產品作比較，先入為主的思維方式，會讓產品的推廣之路走得異常艱辛。

因此，粉絲經濟的產品「自行推廣」必須在有一定規模的使用者的前提下才能達到理想的效果。

產品的內部生態與轉化環節

「粉絲」營運通常遵循下圖所示的模式。

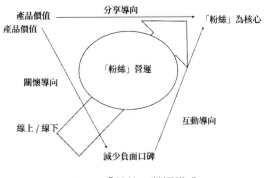

圖 4-2 「粉絲」營運模式

粉絲經濟產品使用者的組織結構和多人參與的大型網路遊戲有些類似，多個粉絲群體並存，而且各群體之間既有共同點又形成競爭。恰恰是這種競爭成為了引導粉絲消費的原動力，但是目前許多傳統品牌市場大都已被新興的歐美品牌瓜分完畢，粉絲經濟還要作為接引傳統品牌市場的中堅力量，因此粉絲經濟產品更多的是合作，而不是競爭。

粉絲經濟產品要歷經核心定位、產品更新獲取潛在使用者、製造引導話題傳播價值、面向大眾推廣這些步驟，那麼不禁有人會問：這樣做是不是要比傳統的拚資源要消耗更多的資本呢？

但其實面向大眾推廣，二者之間有著本質上的差別，傳統的拚資源轉向大眾推廣要考驗產品真正的品質，而粉絲經濟的產品在更新了多代以後才面向大眾，除了推廣的使命外，還承擔著產品轉化的任務。

而經過諸多步驟完成面向大眾的粉絲經濟產品，比傳統的產品更具優勢，表現在以下兩方面。

★ 粉絲有著較高的忠誠度，後期付費率更高，傳播影響能力更強。

★ 粉絲經濟的產品生命週期更長，極具個性化不容易被他人山寨，傳統產品易被他人複製，從而成為他人的墊腳石。

　　傳統網路企業中的領頭羊們歷經了諸多的社會變革之後，對於原創 IP 的追求開始火熱起來，粉絲經濟也在這一刻迎來發展的春天。

　　我們可以發現，粉絲經濟產品對於品質上有著較高的要求，初期能快速抓住消費者的注意力並能快速得到認可，不能存在明顯的缺陷還要保持個性化，產品的閱聽人還要達到一定的規模，可以成為大眾化的全民品牌。

　　粉絲經濟產品前期的較高要求使產品只要能在中後期繼續保持這種優點就能見到較好的效果。而產品推廣，則要經過以下步驟去實現。

★ 產品種子使用者的定位發展，種子使用者的付費率能準確地檢驗產品的定位是否準確。

★ 產品更新換代的同時發展潛在使用者，此過程更像是在一個個小圈子內「撒網捕魚」，對那些潛在的獵物（粉絲）廣泛搜尋，增加粉絲群體的規模，在粉絲內部形成眾多的社群。

★ 為粉絲提供可以將產品大眾推廣的契機以及平臺，公司先宣傳推廣，粉絲再擴大規模進一步推廣，最終引發大眾產生共鳴，完成「吸粉」過程。

　　這幾個步驟決定了產品必須要經得起消費者的檢驗，不能出現明顯的缺陷。公司的平臺能夠對粉絲推廣的需求做出精確評估。這幾步環環相扣，整體策略的精準把控會使營運更為流暢，每個步驟中靈活的數據分析也是成功的關鍵所在。

　　在能維繫好與老使用者的前提下，結合傳統的策略與粉絲群體的推廣，使粉絲經濟能夠煥發出活力，就如同復仇者聯盟（The Avengers）那般，公司沒有大的動作時粉絲基本默默無聞，但公司一旦有了明顯的動作，粉絲社群開始發力來推動公司提升品質。

粉絲經濟＋微商營運：
沉澱粉絲，與消費者建立「強關係」

　　微商是企業或個人基於社會化媒體開店的一種行動社交電商新模式，這一新型電商模式的最大作用是可以有效沉澱使用者，實現線上線下的流量整合。本質上是一種基於微信生態社群平臺的社會化分銷模式，主要分為 B2C（Business to Consumer）微商和 C2C（Customer to customer）微商兩種類型。

微商模式

　　前面已經提過，微商是一種基於社群平臺，融合行動與社交為一體的新型電商模式，包括 B2C 和 C2C 兩個環節。

　　B2C 微商模式是指由廠商、供貨商、品牌商等貨物供應者基於社群平臺搭建一個統一的行動商城，以便面對消費者、整合分散的線上線下需求，並負責產品的管理、發貨與售後服務等內容。其成熟的基礎條件主要包括 4 個方面的內容。

圖 4-3 B2C 微商模式的 4 個基礎條件

一是完善的基礎交易平臺，不論是新型的微商模式，還是以往的電商模式，首要前提都是要建構一個可供交易的完善平臺，這也是網路時代下實現電子商務營運的必然要求。

二是完善的分銷系統，就目前來看，這一系統還比較混亂，很多微商品牌的分銷系統甚至已經接近了傳銷界限，急需透過各種技術手段引導這一體系的理性化建構。

三是需要完善的客戶關係管理系統來管理企業會員。

四是需要能夠與消費者直接溝通回饋的、完善的售後服務和維護權益機制。

SDP 系統有供貨商（品牌廠商）、分銷商（品牌廠商的線下管道）和微客（粉絲和消費者）三大角色。這一系統有效解決了 B2C 微商在吸粉、沉澱、交易和服務等環節的難題，為 B2C 微商的成熟發展提供助力。這種推動作用主要展現在以下兩個方面。

★ SDP 系統可以幫助那些已經擁有完善線下銷售管道的供貨商開設針對分銷商的獨立後臺，每個分銷商都可以獲得有唯一引數標識的 QR-Code，以便供貨商透過 QR-Code 來管理系統。同時 SDP 系統又可以將消費者會聚到通訊軟體中以方便供貨商根據使用者需求來生產商品。另外，消費者也可以透過 QR-Code 進入品牌統一後臺，使分銷商可以管理自己所引導的粉絲和訂單，從而解決線上線下的利益分成問題。

★ 對於那些沒有完善的線下銷售管道的商家，則可以透過 SDP 的更新演化系統「微客」來發展分銷。具體流程是微客透過將商品分享至好友圈的方式幫助供貨商進行宣傳，若是消費者透過分享的連結購買商品，就可以直接拿到佣金。需要注意的是，不同於層層分級的傳銷模式，微客的核心是分成而不是分級，以此避免違規風險。這就涉及了微商的另一模式，即 C2C 模式。

微客屬於行動端商城中的個人分銷功能，透過在好友圈這樣的社會化媒體上分享商品連結實現商品的分享、熟人推薦和好友圈展示等功能，並經由熟人關係鏈實現商品的口碑傳播。若消費者透過連結交易成功，微客就能夠直接透過 SDP 系統自動獲得佣金。因此可以說，微客在有效消除產品與消費者隔閡的同時開啟了一個人人可做電商的時代。

微商的作用

微商能夠實現與使用者的直接溝通交流，從而更具針對性地提升企業產品和服務品質。從這一點來看，微商最大的優勢便在於能夠聚合起分散的線上線下流量，實現使用者資源的積累。

如何積累使用者、與消費者建立起強關係以擁有一批穩定的高黏著度使用者群，是大多數傳統電商零售企業面臨的首要難題。

一方面，無論 B 店還是 C 店，都是透過其他網路商城平臺上的使用者來完成訂單交易，而非商家自身所有的高黏著度使用者。由於使用者隨時都有可能將注意力轉移到其他商家身上，就使得企業的經營具有很大的不穩定性。另一方面，由於客戶主要是透過搜尋完成下單，缺乏直接與商家溝通的管道，這既在一定程度上降低了消費者的購物體驗，又阻塞了商家對使用者真實需求的了解回饋，使企業無法把握越來越快速的市場變化。

作為一種去中心化的電商新形態，微商模式能夠將線上線下多種管道所接觸到的使用者全部會聚起來形成一個屬於企業本身的使用者數據庫，以便實現針對使用者的精準行銷和個性化推薦。商家在官方帳號上就可以直接地與透過各種管道聚合起來的使用者接觸、溝通，從而真正能夠提供符合使用者需要的個性化產品和服務，建立起與使用者的強關

係，達到積累使用者的目的。

微商模式是近兩年才發展起來並逐漸為多數人所熟知的一種電商模式。由於還沒能建構起一個制度化的行為規範和倫理準則，當前微商發展過程中出現了一些問題，特別是 C2C 模式和分銷系統的混亂更加劇了人們對這一新型電商模式的偏見和誤解。這種誤解的主要表現是將微商模式與好友圈賣貨和傳銷畫上等號。

微商與好友圈賣貨

將微商與好友圈賣貨畫上等號，源於早期在好友圈賣貨的一批人過度開發好友圈入口的第一波紅利迅速致富。由於這種代理分銷的裂變效應和低門檻、零成本的病毒行銷，這種方式短時間內在好友圈大量湧現，形成了最早的 C2C 雛形。

但是，這種好友圈賣貨方式在產品品質、品類選擇、物流、維護權益等方面都缺乏一個明晰的行為規範，導致了大量非法暴力的三無產品泛濫以及在好友圈中的惡意行銷，這是人們對微商頗有微詞的原因所在。

不過，微商絕非簡單的好友圈賣貨，好友圈只是微商模式下 C2C 環節的一個方面。特別是隨著使用者對微商廣告的強烈反感和官方對惡意行銷的嚴厲打擊以及新的行動電商平臺的崛起，必然會導致好友圈賣貨的消亡和 C2C 的重新洗牌。

微商與傳銷

由於擁有完善的分銷網路，再加上早期好友圈賣貨層層代理的發展模式，不可避免地使外界將微商與傳銷畫上等號。

然而，微商是以賣貨而非詐騙獲益，且商品多為消費頻率較高的服裝、面膜等日常用品，這是它不同於傳銷的地方。而且，就是從營運模式上看，它的本質也是直銷而非傳銷模式。因為產品的品質、選擇、物流、維護權益等方面仍由企業負責，無論是分銷商還是微客，都是推而不銷，核心目的都是為了拓展分銷網路，提升企業和商品的知名度和好感度。

微商未來趨勢

就當前來看，傳統電商平臺不可能完全淘汰傳統零售，誰也無法完全占據主導地位。因此，未來零售行業必將呈現傳統零售、電商和微商三種模式長期共存之勢。

就電商模式的發展趨勢來看，隨著平臺的弊端逐漸凸顯，越來越多企業走上了搭建自營體系之路，逐漸把平臺使用者引匯入社群平臺並建立會員體系，透過多種手段（積分制、優惠活動等）來拓展使用者，以期形成一個高黏著度的使用者群。

完善的基礎交易平臺、分銷系統、優質的客戶關係管理系統和售後維護權益機制是 B2C 微商成熟的基礎條件。因此，在這個人人可電商的網路新時代，基於好友圈信任關係的推薦消費是非常有價值和前景的，B2C 微商模式必將成為未來電商模式的真正主導者。

未來幾年將是微商的大爆發時期。而西元 2015 年作為微商元年，其發展主要呈現出下面幾種趨勢：團隊規模化、使用者社群化、管道立體化、技術規範化、產品多元化、行銷媒體化和運作資本化。

微商公約

隨著微商爆發式的增長，重複分享、同質化和低劣的產品等問題也在加深著人們對微商的偏見和誤解。如何扭轉這一情況，規範微商，使之理性發展？成為微商面臨的首要難題。

野蠻生長的微商需要借公約加強自律，作為微商運作關鍵節點的分銷環節也需要透過技術手段加以規範。因此，建立以「戒違規、戒偽劣、戒傳銷、不亂市、不囤貨、不暴利」為主要內容的微商公約就顯得十分必要和緊迫，也得到了越來越多微商參與者的肯定和認同。

▌粉絲經濟＋傳統企業「網路＋」

時代的企業轉型之道

　　行動網路的發展普及使粉絲經濟日漸蓬勃，我們進入了社群粉絲時代。

　　在這種時代背景下，眾多企業採取了全新的粉絲行銷模式，即以粉絲需求為核心進行產品的研發、生產、銷售以及服務，既為企業贏得了粉絲和利潤，又使粉絲經濟愈發引人注目。

　　當然粉絲經濟也呈現出許多不同於傳統行銷模式的特點。

▌流程方面

　　粉絲模式不同於傳統模式的先生產再銷售，而是先展開預售，再按照粉絲的要求來生產。

▌推廣成本方面

　　傳統模式的推廣方式多是向電視、廣播、賣場等傳統平臺投放廣告，傳統的媒體推廣方式動輒幾千幾萬元甚至幾十萬元，巨大的廣告資金投入超過了產品的其他成本總和，而且產品要想進入賣場內推廣還需要向其繳納高比例進場費，性價比（Price/performance ratio）總體不高；粉絲模式則是藉助社群平臺來推廣、銷售產品，這其中的資金成本則少之又少。

資金周轉方面

傳統模式下完成資金回籠至少需要一兩個月的時間，甚至由於拖欠款項，某些中小企業不得不面臨資金周轉不靈的困境；相反粉絲模式卻因為在生產之前透過預售方式收到款項而避免了資金周轉問題。

使用者累積方面

與傳統模式單純地進行產品銷售而忽略使用者累積相比，粉絲模式更注重使用者數據的累積，透過這些清晰的數據可以使其成為潛在使用者，形成更長久的產品行銷週期。

回饋方面

粉絲經濟本身就是針對客戶需求而誕生的，所以建立了相當完善的使用者回饋機制。消費者可以在消費完成之後給予商家回饋，商家則可以根據這些回饋來為使用者提供更好的產品和服務，藉助回饋來提高使用者忠誠度；傳統模式對於使用者回饋沒有足夠的認識，未能為消費者提供有效的使用者回饋機制。

總之，粉絲經濟已經以其高效、低廉的優勢成功占據商業市場，成為眾多企業首選的發展方式。粉絲行銷實現了企業與消費者之間的直接溝通，真正將使用者需求放在首位，激發了消費者的參與熱情，使企業生產出迎合市場需求的產品。粉絲經濟顛覆了傳統行銷模式，其發展前景不可小覷。

從使用者到粉絲的轉變

「粉絲經濟」，顧名思義就是因粉絲消費而形成的某種經濟模式。粉絲的重要性不言而喻，粉絲不僅是消費族群中的一員，更因其消費回饋或朋友的口口相傳成為產品的代言人，可以為產品或企業迅速累積口碑。對於企業而言，如何累積粉絲、將使用者發展成為粉絲是當前急待解決的問題。

要想實現消費者到粉絲這樣的角色轉換，企業首先要理解粉絲經濟的理念，即以人為本、以使用者需求為本。企業開發的產品必須要打動使用者，使消費者從使用者體驗到心理情感都得到極大的滿足，消費者在感受到極致的使用者體驗之後才會心甘情願地成為企業的代言人。

只有企業開發出極致的產品、提供極致的服務，消費者才能感受到極致的使用者體驗，而這樣的產品和服務歸根結柢又來源於企業對消費者需求的極致了解。粉絲經濟產品要求企業要充分挖掘使用者的心理和需求，透過最深入的了解研發出最能滿足使用者的產品。

因此，一個企業要想在粉絲經濟時代立足，最基本的就是把對使用者需求的研究放在首位，根據其研究結果總結使用者需求，進而研發出能夠打動使用者的產品。完成需求研究、產品研發等基礎工作之後，市場推廣、行銷等工作才能夠事半功倍。

說到為消費者提供極致的使用者體驗，我們不得不提到提高使用者體驗的四個方面。

圖 4-4 提高使用者體驗的四個方面

產品方面

產品是消費者體驗的重要環節，不惜成本為消費者提供最好的商品，給消費者無可挑剔的服務；其次在產品包裝上也以消費者的需求為本，使消費者感受到賣家的貼心至極。

付款方面

提供簡單且有趣的付款頁面使消費者可以在短時間內完成點選購買到付費成功的整個過程，方便快捷。

物流方面

與快遞公司合作，藉助物流業的快速來保證使用者可以隨時查詢物流訊息並在 24 小時之內收到商品。同時配備專業的快遞裝備，例如生鮮食品便加裝冰櫃製冷，保持新鮮。

▌售後方面

設立合適的賠償服務機制,這不僅使消費者對商家的品質放心,更激勵了整個團隊不斷創新,以提供品質更好的產品。

為消費者提供「極致體驗」的原則,從使用者接觸商家到拿到商品,整個過程讓消費者所感受到的都是「有溫度」的服務,消費者所獲得的極致體驗正是由於商家對消費者的心理和需求有著深入的研究分析。消費者在需求得到滿足之後更願意將自己的體驗與朋友分享,這樣商家就能在口碑累積中實現了產品推廣,從而使銷售量得到大幅增加。

粉絲群的需求不同,
企業必須為粉絲建構全方面的服務

由於每個人的需求不同,粉絲群也呈現出明顯的需求差異,按照相同的方式提供同樣的服務必然會引起消費者的不滿,例如製作精美、投入巨大的春節聯歡晚會年年遭到吐槽的原因就是其閱聽人的年齡層不同、需求不同;而針對年輕人打造的真人秀節目雖然資金投入、後期製作都遜於春節特別節目,但卻受到觀眾的追捧,其中最主要的原因就是該類節目是為同一類型的觀眾量身打造的。

所以找出服務對象群體是企業提升品質的關鍵，企業要為這一類型的粉絲群提供全方位的服務，挖掘其特定需求並以此進行全產業鏈布局，從而使其享受到極致使用者體驗。

建構多維立體的商業模式

商業模式是主導企業的策略構思，在行動網路時代，企業的商業模式也呈現出多種類型。以維度來劃分，大致分為藉助價格優勢進行競爭的單維度模式、利用粉絲經濟實現營運的多維度模式以及以免費服務來累積使用者的 N 次方模式，這三種方式分別呈現出不同的特點。

圖 4-6 企業的三種商業模式

▌單維度模式

主要方式就是利用價格差在市場內競爭，企業透過獲取的訊息為消費者提供比同類價格更低的產品，從而迅速占領

市場。但由於網路和行動網路的發展，訊息透明度越來越高，這種模式很難維持下去。

多維度模式

企業利用粉絲以布局全產業鏈，進而實現多維商業營運，這是該模式的主要方式。其特點是整體利益是企業追求的終極目標，而不要求產業鏈的每個環節都盈利。

N次方模式

所謂 N 次方模式就是企業透過提供免費的服務累積使用者，在使用者數量達到一定程度之後再考慮盈利的模式。該種模式因提供免費服務而擁有海量使用者。不得不說這是一種超前的模式，使用者基礎是決定企業價值的重要因素。

商業模式隨著行動網路時代的到來產生了諸多變化，也誕生了許多新的商業模式，對於企業而言，這是關係到自身發展的重要機遇，建構多維立體的商業模式，建立自媒體、布局全產業鏈，為使用者提供極致的產品體驗是當前企業生存的法寶。

▌網路思維下的粉絲經濟學

西元 2013 年，「網路思維」成為人們經常掛在嘴邊的一個詞，就好像它可以拯救各行各業於水深火熱之中，一時間網路被賦予了神奇的色彩。

西元 2014 年年初，網路思維又遭到很多自媒體人的討伐，因為他們認為網路思維若沒有產品品質與商業理念來當作支撐，就會顯得一文不值。

但是，在全球經濟依舊被傳統製造業統治的大形勢下，我們要批判網路思維仍然尚早。目前新型商業模式還只是滄海一粟，而且它們尚處於發展的初期階段。這就不由得引發我們的思考：以網路思維為基礎的商業模式應該具備哪些特點？其發展會遵循怎樣的步驟？未來又能否有更多成功的新興商業模式相繼湧現呢？下面整理出與網路相關的 CBMCE 模式。

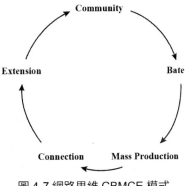

圖 4-7 網路思維 CBMCE 模式

Community：建立社群，形成粉絲團

根據產品的特點，找到適應這類產品並有意向購買這類產品的客戶，逐步形成粉絲團，這是建立社群的第一步。

創始人在建立粉絲團的時候，往往會從自己的親友、同事等比較熟悉的人際關係圈子著手，然後逐漸擴展，把範圍擴大。創始人在建立圈子的最初階段，應努力提高圈子的品質和自己的影響力，因為這決定著未來粉絲團的品質和數量。

粉絲團在擴展的時候，意見領袖（Opinion Leader）往往會被選做品牌代言，以在新浪微型部落格上獲得更多關注。

在形成了一定規模的粉絲團後，第二個階段就是根據粉絲們的需求與建議來設計或改造相關產品，並對產品進行小規模的內測。

Mass Production：大規模量產和預售

大規模的生產和預售階段是粉絲團行銷的一個最重要的階段。在這個階段中，需要做三件事：舉行產品釋出會、新產品的社會化行銷、線下管道的產品發行與銷售。

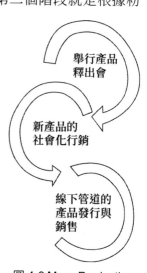

圖 4-9 Mass Production
階段的關鍵 3 環

Connection：連結

根據網路思維，行銷並沒有結束，而只是剛剛開始。這個時候，需要建立一個體系以把這些售出的產品連繫起來，使用這些產品的使用者就變成了一個社群。這也是與傳統製造業的不同之處。

對於傳統家電企業而言，產品的賣出就代表著行銷的結束，企業的利潤從賣出的每臺裝置上獲得，所以，控制成本和保持銷售量對傳統家電企業來說是很重要的。然而透過硬體之間的連結，能夠從後續的服務和衍生的產品中獲取利潤。

Extension：擴展

軟體的最大優勢在於它的可擴展性，而且，軟體擴展沒有成本，只不過是在伺服器上增加一些位元組而已。對個體使用者而言，生態圈的擴展具體表現為軟體系統的更新與更新、服務內容和服務範圍的擴展、使用者個性化需求的滿足。

Part5

社群粉絲行銷：

釋放粉絲行銷能量，打造強大影響力

▌新時代的行銷法則：

粉絲效應裂變時代，得粉絲者得天下

隨著網路 2.0 時代的來臨，「粉絲經濟」成為人們熱議的話題，並且各大行業紛紛培養自己的粉絲，如蘋果手機的「果粉」，甚至在電影行業，也出現了「電影粉絲」。粉絲身為一個龐大的群體，不僅拉動了經濟增長，同時也引起了行銷者的重視。

美國麻省理工學院的傳播學者亨利·詹金斯（Henry Jenkins）一直致力於新媒體閱聽人的研究，尤其是對粉絲經濟的探索和研究。從亨利·詹金斯的觀察研究中，我們可以更容易理解「粉絲」的概念。

「粉絲」（Fans）原本指的是一些明星、品牌的追隨者，後來引申為支持者，粉絲會為自己所喜歡的明星、品牌投入大量的時間、金錢等。亨利·詹金斯總結了在日常生活中，人們對粉絲的刻板印象：

* ★ 感性消費，跟明星有關的一切都是他們消費的對象；
* ★ 浪費時間，在毫無價值的事情上耗費大量的時間和精力；

★ 極度追捧文化商品；

★ 容易成癮，且不適應周圍環境；

★ 心智幼稚；

★ 無法區分虛擬和現實。

在眾多傳統媒體的報導中，粉絲總是以衝動、不理智等形象出現，個別粉絲的極端行為代表了整個粉絲群體的形象，粉絲被貼上負面的標籤。但是，媒體大眾所認為的這類粉絲，並非是粉絲的主流。

那麼，主流「粉絲」又是什麼樣的呢？「粉絲」和「普通大眾」又有什麼區別呢？英國切斯特大學文化研究教授馬克・杜菲特（Mark Duffett）在《理解粉絲群體》（*Understanding Fandom*）一書中，對這兩個問題有著詳細的論述：所有文化商品的消費者並不都是粉絲，只有與文化商品產生情感上的連繫，才能稱之為粉絲。

在此基礎上，亨利・詹金斯又對「粉絲」這個概念進行了補充。粉絲並不單純是文化商品的消費者，同時，他們還會參與到文化商品的製作、宣傳、行銷過程中，充當製作方和普通消費者的仲介。在文化商品面世之前，他們就會積極地宣傳，擴大文化商品的知名度。身為文化商品的消費者，他們不同於「沙發馬鈴薯」（Couch potato）被動地接受文化商品，而是以文化的消費者和生產者雙重的身分，參與到文

化的消費活動中。

在網路 2.0 時代，粉絲主要活躍在網路上，但與普通的消費者並無差別，他們依舊是文化商品的消費者。我們可以從量化粉絲的「參與度」（Engagement）和理解粉絲行為背後的動機兩方面來探討。

根據粉絲對文化商品的投入程度，我們將粉絲訊息行為分為三大類，按照他們的投入程度由低到高，依次為訊息獲取、訊息擴散和訊息生產。

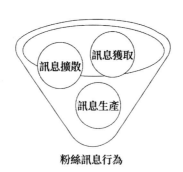

粉絲訊息行為

圖 5-1 粉絲訊息行為的三大類

▌身為接收者的粉絲

身為接收者的粉絲要做的就是即時了解明星的動態以及日程安排，即時追劇，並在第一時間觀看明星的八卦新聞，即時獲取關於明星的一切訊息。粉絲訊息行為的分級為粉絲提供了掌握明星訊息的動力，促使處於低階的粉絲向高階轉變。

網路的發展為粉絲獲取明星的訊息提供了管道，例如粉絲透過論壇、後援會等社群獲取的訊息遠遠超過透過傳統媒介獲取的訊息。後援會等粉絲社群在粉絲和明星之間充當了溝通的仲介，明星的官方帳號釋出的訊息透過粉絲社群才能傳達給粉絲，而粉絲也可以透過粉絲社群交流資訊。與此同時，粉絲社群也透過這種方式吸引粉絲參與，增加自身的使用者量

身為傳播者的粉絲

處於這一級的粉絲不再是單純地獲取明星的訊息，還會充當訊息的傳播者，向其他消費者推薦明星。訊息擴散的動機主要有群體歸屬感、尋求認同感和彰顯個性。亨利·詹金斯經過長期的研究發現，如果製作方所創作的內容符合消費者的情感需求，那麼，這些消費者就會成為粉絲，並積極傳播訊息。

身為創造者的粉絲

身為創造者的粉絲位於粉絲訊息行為的最高級，他們不僅是文化商品的消費者，還是文化商品的生產者。他們在獲取、傳播訊息的基礎上，對訊息進行簡單的加工處理。如翻唱明星的歌曲，並上傳到網站上；剪輯特定明星所出演的多個電視劇，合成一個影片；或者將多個電影片段製成「粉絲電影」（Fan-Film）等。

詹金斯曾針對粉絲對原有電影、電視的再創造行為，提出「文字盜獵者」這一概念。「粉絲」這個群體處於沉迷和失望之間，如果訊息的內容讓他們失望，那麼，他們會對其再加工創造，讓故事情節按照自己的意願進行。

這種「半幻想」狀態是他們進行再創造的驅動力，重新分解原來的故事、直接改寫，或是將不同作品的兩個明星配對。粉絲的再創造行為，啟發了行銷者，有些電視劇會設定幾種不同的大結局，讓粉絲根據自己的喜好來選擇。這樣的處理方式，更利於訊息的傳播。

「粉絲經濟」的興起，讓眾多的行銷者看到了粉絲的潛力，但大部分行銷者只是把粉絲視為一個被動的閱聽人，誤認為向粉絲頻繁地發放廣告就是行銷；或者是利用粉絲與明星之間的情感連繫，把他們當作「自動提款機」，以一種商業性的消費關係取代原有的情感連繫。

行銷者如果把粉絲單純地當作訊息的獲取者，那麼便無法挖掘粉絲的潛力，吸引更多的粉絲；如果把粉絲當作訊息的傳播者，那麼便無法實現內容的創新，創造更大的經濟效益；只有那些尊重粉絲創造力的行銷者，才會讓粉絲以消費者和生產者的雙重身分參與到文化商品的製造、傳播中來，發揮粉絲的潛力，促進文化商品向多元化、創新化轉型。

　　行銷者在發揮粉絲創造力的同時，也要注意延伸這種創造力，以便獲取更大的經濟效益。粉絲對於文化商品的行銷是一把雙刃劍，用得好能產生巨大的經濟效益；反之，則會影響企業的聲譽。

　　因此，企業在發揮粉絲的潛能的同時，必須學會控制粉絲的創造力，讓粉絲的創造力為企業的經濟效益做貢獻。

▎從吸引到忠誠：

利用社群粉絲效應提升使用者認同感

「粉絲行銷」是指企業以行動網路和社群媒體為主要行銷平臺，透過有策略、可管理、持續性的線上線下交流和溝通，建立、轉化和強化使用者關係，為使用者創造價值的行銷策略。

在行動網路時代，社群經濟的崛起重構了傳統的商業模式，「無粉絲，不品牌」或「無粉絲，不行銷」成為企業的共識。不過，在當今以消費者為中心的市場競爭中，哪個企業和品牌沒有自己的粉絲呢？關鍵的問題是如何「不掉粉」，獲得粉絲的長久忠誠？

吸引到大量的粉絲當然很重要，有流量才有價值，這是企業或產品行銷的基礎。不過，在這個創新不斷萌發、消費者注意力極易轉移的時代，企業和品牌如何有效經營自己的粉絲社群，以提高粉絲黏著度，顯然是更為困難的挑戰。

高黏著度的前提是高互動，並且這種互動中始終有著粉絲感興趣的內容，能夠吸引、留住粉絲。例如，透過 O2O

（Online To Offline）兩種不同互動方式的有效整合，為粉絲社群透過從線上到線下一體化、個性化和多元化的優質產品和服務體驗，在增強粉絲黏著度的同時，獲得良好的口碑傳播效應。

下面，我們將從兩個方面入手，具體分析企業和品牌應該如何與粉絲互動，以便實現成功的粉絲行銷。

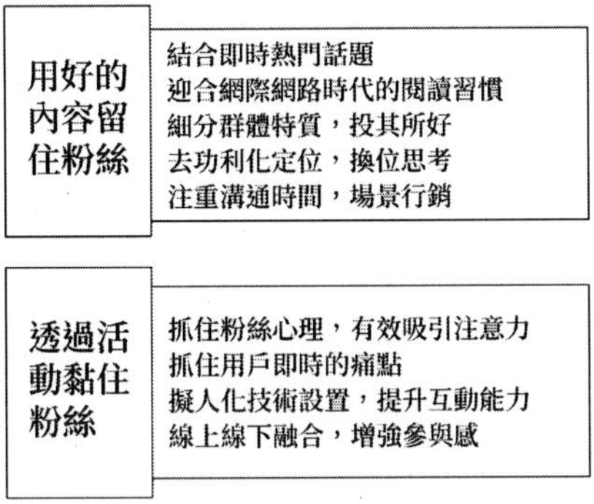

用好的內容留住粉絲	結合即時熱門話題 迎合網際網路時代的閱讀習慣 細分群體特質，投其所好 去功利化定位，換位思考 注重溝通時間，場景行銷
透過活動黏住粉絲	抓住粉絲心理，有效吸引注意力 抓住用戶即時的痛點 擬人化技術設置，提升互動能力 線上線下融合，增強參與感

圖 5-2 企業和品牌應該如何與粉絲互動的具體策略

用好的內容留住粉絲

以微信為主要代表的社群平臺，兼具社交互動和媒體傳播屬性。因此，基於行動社群平臺的市場競爭成為企業新的角力場，也是電商在「網路＋」下社群化、移動化轉向的關鍵。

行動網路的發展讓微信不再僅僅是一個交流平臺，更成為了企業品牌塑造和傳播的重要場域。特別是在今天資訊無限流動的時代，誰能夠創造出讓使用者眼前一亮的有價值的內容，誰就能夠吸引和黏住更多的粉絲使用者。

（1）結合即時熱門話題

一個時期的熱門事件往往反映了人們的關注焦點和興趣所在。因此，企業在品牌行銷中，如果能結合特定的即時熱點話題，必然可以引來大量使用者的關注，有效吸引使用者進行閱讀。

例如，企業在其官方帳號頭條上分享即時熱映的電影相關內容，極大地激發了粉絲的閱讀興趣；或者透過使用網路流行語，拉近與年輕使用者群體的距離，增強了使用者對企業的認同感。

（2）迎合網路時代的閱讀習慣

姜汝祥博士指出：「在行動網路時代，對使用者的細分是對消費者起碼的尊敬。」今天，快節奏的生活讓人們的時間越來越碎片化。相比於以往用一整塊的時間來閱讀，今天的消費者更傾向於在公車站、工作休息時間等碎片化的時間快速瀏覽訊息。這就要求企業充分利用大數據技術優勢，細化、分割不同的消費族群，針對粉絲的興趣需求輸入內容。如此，才能引起粉絲的閱讀興趣，提高粉絲的黏著度。

（3）細分群體特質，投其所好

以女性時尚電商平臺為例，在今天物質豐富的時代，追求時尚美麗的年輕女性，一般都有幾衣櫃甚至更多的衣服。不過，如何將它們合理搭配起來，以展現出自己最好的一面，卻幾乎成為每個女性的煩惱。

這也導致了這樣一種現象：很多女性不停地逛街或者上網買衣服，但是由於達不到自己滿意的效果，又把這些衣服束之高閣，成為了衣櫥裡的展示品。

一些女性時尚電商平臺針對女性對服飾搭配知識的極度渴望，在官方帳號中經常為使用者提供最時尚的服飾搭配方案，受到了眾多年輕女性的青睞和追捧。同時，這些企業還會把自己要推廣的產品融入搭配方案中，讓消費者在檢視搭配方法時，自然而然地購買了自己的品牌。正是透過這種方式，它們既為女性使用者提供了最流行時尚的購物體驗，又吸引了眾多的粉絲群體，極大地增強了粉絲黏著度。

企業要想擁有一批高度價值認同的粉絲追隨者，就絕不能進行急功近利的行銷：在剛吸引到粉絲後，就迫不及待地將自身的文化、產品、營運等各種資訊一下子放到社群平臺上。要知道，在這樣一個訊息快速流動、使用者「易變」的時代，這種過量的和赤裸裸的推銷行為，很容易引起使用者的反感。

正如麻省理工學院媒體實驗室的創辦人、電腦和傳播科技領域最具影響力的大師之一，尼古拉斯·尼葛洛龐帝（Nicholas Negroponte）所說的：「訊息過量等於沒有訊息。」真正有效的做法是與粉絲積極地互動，然後換位思考，站在使用者的角度考慮問題，抓住粉絲痛點。透過推出粉絲真正感興趣的內容，吸引他們進行訊息閱讀，在潛移默化中完成企業行銷目標。

（5）注重溝通時間，場景行銷

正如上面提到的，在行動網路時代，人們更傾向於在碎片化的時空場景中瀏覽訊息和閱讀。這種網路化閱讀習慣的轉變，對企業行銷而言，就是要利用先進的大數據等技術，精確定位使用者的不同場景，選擇最適宜的時間進行內容的推送。

例如，8：00之前和17：00之後，人們通常處於車站或各種交通工具上。這時，企業如果在官方帳號上發布一些粉絲感興趣的內容，就可以幫助使用者打發無聊時間，提高文章的觸及量，進而增強粉絲的認同感和黏著度。

透過活動黏住粉絲

當前，網路社群層出不窮，社群數量和成員人數不斷增加。然而，社群發展還存在很多問題。其中，最為突出的就

是社群成員的活動參與度不高，看似眾多的成員背後卻只有很少的連線互動，有些甚至淪為「殭屍社群」。

研究指出，社群紅利＝粉絲數量 × 互動次數 × 參與度。對於商家而言，有互動才有連線，有連線才有價值。因此，企業和品牌要想從社群中挖掘出更多的商業價值，就不僅要吸引更多的粉絲，還要透過各種活動激發粉絲的互動和參與熱情，透過抓住粉絲痛點的活動來黏住粉絲，實現從吸引到忠誠的成功行銷。

正如我們最開始指出的，行動網路時代是一個「無粉絲，不行銷」的時代，任何企業或品牌如果失去了粉絲，也就等於失去了競爭力，必然會被市場所淘汰。因此，企業需要不斷推出能夠吸引使用者積極參與的創意活動，吸引更多的粉絲，增強他們的參與感和認同感，實現成功的粉絲行銷。

（1）抓住粉絲心理，有效吸引注意力

行動網路時代，人們的消費心理和行為都發生了極大的轉變。這要求企業也要進行網路化的轉型：改變傳統的商業思維模式，抓住使用者的心理特點，利用新型行動社群平臺，實現粉絲的累積。

▶占便宜的心理

人的行為一般都具有趨利性。對於消費者而言，能夠在消費體驗中占到便宜，是一件樂此不疲的事情。這種占便宜

的心理，為商家提供了一種十分有效的吸引粉絲的手段。

這種將線上流量轉化為線下參與的 O2O 行銷方式，顛覆了傳統的捆綁式贈送，透過「以賣代贈」的方式吸引了大量粉絲，並極大提高了粉絲群體的參與度，創造出了更多的商業價值。

好奇心

人們總是對未知的事物充滿好奇。企業在行銷中如果能有效抓住這一特點，就能夠有效地吸引到更多的眼球，增加粉絲數量；同時，透過不斷地製造各種新奇和未知，企業還能讓使用者主動閱讀自己的訊息，極大地提高粉絲黏著度。

（2）抓住使用者即時的癢點和痛點

在當今社會中，消費者總是處於碎片化的時空場景中，也面臨著各式各樣的問題和煩惱：生活繳費、訂餐叫外送、家電維修、汽車保養等。同時，在行動網路時代，商家與使用者隨時隨地的連線互動成為現實。

因此，如果企業能夠利用各種手段有效抓住使用者痛點，透過行動社群平臺，及時幫助使用者解決這些困擾，優化他們的生活體驗，就必然會極大地增強粉絲的認同感和歸屬感，同時，透過行動社群平臺的傳播屬性，企業也可以實現良好的口碑傳播，吸引到更多的粉絲。

（3）擬人化技術設定，提升互動能力

互動是主體之間有感情的交流溝通，而不是例行公事、機械化地推送訊息。因此，在與粉絲的互動過程中，企業不僅要歸類、總結粉絲的需求，精確地發布內容。更重要的是，在互動形式上要拋掉冷冰冰的公眾話語，採用更多擬人化的互動設定。

例如，某些企業在其官方帳號上設定了虛擬人物，定時與消費者私訊互動交流。

正是透過這種帶有情感投入的擬人化互動設定，企業縮小了與粉絲的距離感，提升了粉絲社群的互動能力。以此，企業獲得了更多的價值認同，提高了粉絲的黏著度。

（4）線上線下融合，增強粉絲參與感

社群經濟時代是一個人人可參與、「使用者智造」的時代。在這一新型商業模式下，消費者不僅追求對產品的使用，還想要參與到產品的設計和創意中，以更好地滿足個性化的消費需求，獲得更大的成就感。因此，在產品品質和功能同質化的市場競爭中，誰能夠帶給消費者更多的參與感，誰就能擁有更多的粉絲，獲得更大的商業利益。

因此，企業需要不斷設計一些有吸引力的線下活動，融合線上線下管道，有效提升粉絲的參與感。

　　其實，對於企業而言，增強粉絲的參與感是激發粉絲互動熱情、提高忠誠度和品牌黏著度的有效手段。透過參與進產品創意等企業運作流程之中，粉絲對企業和品牌有了更深入的了解，也更容易產生價值認同和歸屬感。這種價值上的認同和歸屬，又會透過社群平臺獲得口碑傳播，吸引更多的粉絲參與到互動之中。

▌社群粉絲行銷的理想境界：

將產品融入粉絲群體的生活

粉絲身為一個有著高度凝聚力的社群，對某些人或事物的熱愛甚至上升到一種信仰的程度。由粉絲也衍生出了眾多的新詞語，如粉絲文化、粉絲社群、粉絲行銷等。

粉絲從興起至今，社群已經輻射到了各個年齡層，大到西元 1960 年後生小到西元 2000 年後生，到處都可以找到這類人的身影，如今可說是已經發展到了全民粉絲的階段。每個人在生活中總能找到自己所喜歡的對象，相應的和粉絲群體進行相應的互動與交流也漸漸成為了一種新的行銷手段——粉絲行銷。

美國的蘋果公司「果粉」甚至遍及全球並且規模還在不斷增長，等等，這些年的粉絲類群幾乎呈現幾何式的增長。而商家透過一些社群平臺，為粉絲們組織一些見面會、參觀展覽會等豐富的線下活動，還透過即時的線上交流增進感情、傳播價值觀。

這些方式也在不斷地改變著人們的消費行為，由於同一

粉絲社群的粉絲們擁有這種相同的「信仰」，他們聚集在一起形成了專屬的論壇、俱樂部、社群、後援會等，這一個某種價值觀上相同的高度集合體使品牌商們看到了機遇，隨之策劃眾多精密的行銷活動。

如今發展重點客戶的行銷管道使得品牌商們的利潤空間被壓縮得越來越小，而生產力的提高使產品的相似度與多樣性成為一種潮流從而引發消費者的忠誠度被拉低，一些大型的傳統品牌企業開始將行銷活動的重點從電視及線下賣場轉移到了網路之上。得益於行動網路技術的發展，這些使商家可以與粉絲實現即時交流與溝通的社群平臺成為了商家線上行銷的有效載體，而且成本更低、效果更為理想。商家們在這些平臺上進行行銷的方法主要有互動行銷與體驗行銷。

飲料領域的領頭羊「可口可樂」在不斷地向我們展示著傳統的行銷模式——「投放廣告＋促銷打折＋產品開發＋深度分銷」。這種模式被證明了是傳統行銷方式中效果最為理想的模式，但是成本高昂，中小企業只能望而卻步。當然，這種模式的效果是取決於廣告投放及促銷的力度、產品開發的速度和分銷的專業性。

在行動網路時代，消費者已經更為理性，廣泛的訊息獲取使得消費者可以將同類產品拿來直接對比，投放大量的廣告或者進行讓利較大的優惠遠及不上朋友不經意間的一次推薦。而

且行動網路使得「消費者為中心」的企業理念更為重要，怎樣藉助消費者產品或者服務體驗去傳播品牌文化，形成良性口碑是每個企業的管理者都應該深入研究的一門課程。

　　尤其是在當下的經濟增速放緩、轉型更新之時，企業更應該節約成本投入較少的資本以獲取最大的收益，而這種行動網路精準行銷的粉絲行銷為企業提供了一種更為有效的行銷方式。

粉絲俱樂部的行銷魔力

　　「果粉」是一個龐大的遍及全球的粉絲團體，一些人專門飛往國外並在賣場門外徹夜等候，就為了能買到最新釋出的蘋果產品，這個被咬掉一口的蘋果標誌讓無數人為之發狂。每一次的蘋果的 iPod、iPhone、Mac 筆記本等產品的發布都會讓粉絲們感到驚豔。而「果粉」也在網路上留下隨處可見的身影，他們討論著蘋果產品的外觀、效能、使用技巧等，對於蘋果產品一些的缺點他們通常都會選擇包容，在這種真誠的「信仰」面前缺點大多會被忽略。

　　iPhone 釋出會上精心製作的動畫演示，傳達著神奇功能的精美圖片，再加上演講人激情而又細緻的講解，無一不使這個集通訊、社交、電商、出行、辦公、娛樂等多功能為一體的「工藝品」凝聚了一批批忠實的粉絲。與 iPhone 合作的

電信公司 AT & T 成功地藉助蘋果手機從其競爭對手 Verizon 手中搶走了大量的市場占有率，這正是得益於蘋果粉絲之間的交流與溝通而傳遞了價值。

全球最大的糖果生產商之一的不凡帝范梅勒糖果公司（Perfetti Van Melle Group B.V.）的品牌——曼陀珠（Mentos），廣告別具創意，讓消費者感到驚奇：手的影子可以將桌上的糖果放進他人的口中；登山者倒立在懸崖上還能使用一隻手拿糖果享用。

曼陀珠了解粉絲對這種廣告拍攝過程的渴望，於是公司在論壇上舉辦了兩個活動：其一是讓粉絲們自己討論這種廣告的創造過程；其二是鼓勵粉絲用影片、圖片以及文字等將自己的創意具象化，而實物獎勵以及這種創作熱情使論壇的使用者參與度和訪問量大幅度提升。短短時間內粉絲的群體規模達到 5 萬人，而論壇的訪問量超過了 700 萬人次。其廣告詞「真的很曼陀珠」衍生出了「非常神奇」之意，受到廣大粉絲的熱烈回應。

樂高玩具（LEGO）的粉絲們喜歡在一些社群平臺上釋出自己的創意，從最開始的木製玩具到如今的塑膠玩具，樂高玩具已經在全球紅了幾十年，粉絲群體也不僅是兒童，一些童心不減的成年人也熱衷於這種拼接創新的新奇玩法。

在牙膏中擠出一個跨國公司的高露潔（Colgate）提倡粉

絲們自己進行廣告創作，使粉絲們得到充分的存在感與參與感，得到了大量的粉絲的進一步認可。粉絲行銷的例子還有很多，它們的相似之處在於利用高度的參與感使粉絲群體逐漸壯大，進而影響整個產業。

粉絲行銷如何持續有效？

一些規模變得更大的品牌根本就不依靠粉絲，甚至就沒有粉絲，為什麼它們也能獲得成功？一些品牌根本就不用商家去耗費腦細胞策劃粉絲行銷，使用者就自己聚集起來成為了規模龐大的粉絲團。粉絲行銷是不是就是和粉絲互動一下、讓使用者有參與感？

其實策劃粉絲行銷要考慮的問題有很多方面，如粉絲群體的活躍度、怎樣用活動創造價值、怎麼處理一些粉絲的負面影響等。

是否應該策劃粉絲行銷以及如何實施粉絲行銷，需要考慮以下幾個方面的問題：

★ 產品的使用者人群是哪些？具有或者潛在的對品牌認可的又有多少？

★ 品牌的粉絲使用者有多大的規模？他們又有什麼樣的特點？

★ 粉絲們對產品認可的原因是什麼？促使他們購買的原因
是因為促銷、廣告還是產品自身的優點？

★ 粉絲行銷所傳達的價值觀是否和產品品牌一致？

★ 粉絲行銷是否帶來銷量提升？

★ 如何促使粉絲團體自主地為品牌宣傳？

透過處理這些問題能讓品牌商對粉絲能有一個較為全面
的認識。而粉絲行銷的最為重要的一點就是促進粉絲群體內
的交流互通，並且品牌商的行銷人員要能夠將行銷活動與自
己的生活融合起來，將品牌的優點、歷史文化、價值觀透過
平時釋出的文章、圖片、影片等傳遞給粉絲群體，引發粉絲
們的高度認同感並透過粉絲們的互動提升粉絲群體的規模。

粉絲行銷人員的選擇具有重要的意義，優秀的行銷人員
能成為品牌與粉絲之間連線的樞紐，能站在粉絲的角度，即
時地引導粉絲群體參與互動、廣泛發言，對粉絲提出的建議
及意見能夠採納並回饋給產品或者服務的設計部分，並對這
些好的建議或者意見給予獎勵，讓粉絲們獲得參與感與認同
感，這將會極大地促進品牌的粉絲忠誠度。

粉絲行銷不能過度地依賴於舉辦活動，活動只是一個擴
大影響的工具，活動過後繼續維持社群的熱度、激發更為活
躍的社群討論是粉絲行銷的重點所在。一些粉絲可能只是因
為朋友或者家人的推薦才加入進來，要留住這些人往往就需

要考驗粉絲行銷人員的話題製造或者引導能力。

粉絲行銷的最高水準就是粉絲將自己參與品牌互動融入生活之中，能成為他們生活之餘的享受。

例如某牌腕錶粉絲們自發創立的粉絲社群「愛錶族」，其論壇開設了上到高級奢侈品下到普通手錶的子論壇，而且活躍度都比較高，粉絲們在論壇上上傳自己的購錶經歷、使用及保養方法、創新設計等，再加上粉絲們自發舉辦線上及線下活動，使論壇活動成為了一種生活的享受。

非知名品牌的粉絲行銷策略

如今許多企業的行銷還是採用傳統的「AIDMA 消費理論」，該理論認為：透過廣告、宣傳單等引起消費者的注意（Attention），精美而又創新的畫面製作引起消費者的興趣（Interest），然後消費者有了購買欲望（Desire），進一步形成記憶（Memory），最終完成購買行動（Action）。這種模式隨著網路技術的興起，已經逐漸被「AISAS 理論」所取代。

AISAS 理論認為：消費者從對產品注意到產生興趣之後，消費者會藉助網路技術去搜尋（Search）產品及其相關的訊息然後再去發起購買行動（Action），使用之後還會分享（share）。而粉絲的社群平臺就成了他們分享的主要平臺，在這些平臺上消費者實現與品牌的深度交流。

除了由競爭對手以及產品同質化導致的企業生存環境堪憂，消費者的購買行為的轉變也是企業所面臨的重要問題。

商家投放的大量廣告以及促銷活動，消費者不再買帳，多數的消費者會根據自己的搜尋、朋友的推薦、論壇上使用者的評論來綜合對比，然後再行購買。尤其是消費者購買之後還會去相互分享產品的訊息，優點與缺點都會在網路平臺上被無限放大。

而一些知名度較低的品牌，困擾它們的是較少的粉絲群體在這樣激烈的競爭之下如何策劃粉絲行銷以擴大品牌影響力？我認為應該從以下方面入手：

★ 在自己的產品上下足功夫，產品的性價比及個性化是產品設計的重點；

★ 一些創意度高的互動活動能夠提升粉絲忠誠度，同時吸引更多的粉絲；

★ 行銷人員的話題製造及引導吸引人氣並引發廣泛積極的討論；

★ 對粉絲的建議及意見的接受與回饋能夠提高粉絲的認可度；

★ 出現負面訊息先從自身的角度出發找出問題的所在，不可推卸責任，要用心與粉絲溝通，並得到粉絲的諒解。

　　當下的競爭環境下沒有粉絲的品牌很難成功，而建構粉絲與品牌之間連線樞紐的精髓就在於人性，這種存在於品牌及產品之間的人性化因素使得粉絲能夠自發地參與品牌的討論與分享過程之中。粉絲行銷使粉絲參與產品的互動成為他們業餘時間的一種享受，並成為生活中不可或缺的一部分。這種人性化的情感使得傳統機械式的廣告宣傳顯得更加格格不入，更為關鍵的是這種粉絲行銷的低成本將成為企業開源節流的一大優勢所在。

參與感行銷：

鼓勵使用者互動，讓品牌與使用者深度連結

「參與感」是當前企業自媒體行銷所強調的重要內容。亞馬遜（Amazon）每次召開董事會總會留一把椅子給顧客，主動邀請他們參與企業的決策。參與感是使用者思維的重要展現，已然成為企業自媒體行銷的靈魂。

隨著網路和行動網路的發展，人們可以隨時隨地透過網路與素不相識的人在購物或社交網站交流消費經驗、分享消費主張，久而久之這些自我意識強烈的消費者就不滿足於分享階段，更希望可以透過產品來表達自己的主張和情感，甚至希望可以參與到產品的設計、製造以及服務階段，將自己的情感主張投入其中。消費者的需求在不斷地發生變化，而企業也要跟隨消費者的腳步改變自己的溝通方式以及產品。

如何改變呢？這就要把消費者的訴求放在第一位，消費者需要參與感，我們就將整個設計、行銷過程展現出來，讓消費者可以即時參與。

消費者的參與主要包括兩個方面，如下圖所示：一是

C2B 模式，允許客戶參與到產品的設計研發過程中，設計出極具個性化的產品；二是粉絲經濟，即讓使用者參與品牌傳播，借用粉絲群體來宣傳產品和推廣品牌。

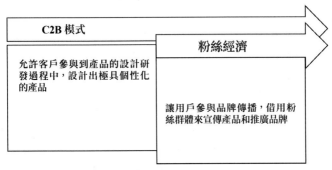

圖 5-4 消費者參與的兩個模式

聚合訂單集中釋放

所謂的 C2B（Customer to Business）就是以消費者需求為中心，企業按照消費者的要求來組織生產，這是電子商務未來發展的方向之一。

C2B 可以透過預售的方式聚合訂單，實現規模化訂製。滿足了消費者個性化需求的同時也因供給模式的改變使成本趨於合理化。藉助 C2B 的預售方式，企業可以精準鎖定消費者，哪怕是訂製裝潢、旅遊也不再是夢想。

下面我們以網路商城藉助 C2B 模式銷售櫻桃為例進行分析：

美國櫻桃因果實碩大、甜美多汁備受消費者青睞，在 7 月上旬的上市季節到來之前已經累積了大批網路訂單。因為早在 6 月底某網路商城就開始預售櫻桃，交付訂金之後確定訂單，7 月 9 日到 11 日在消費者支付尾款之後賣家就可以根據預先拿到的訂單在美國櫻桃農場分步進行採摘、分挑選、篩選、清洗等工作，透過空運以及冷凍物流的協助下從 7 月 12 日開始發貨並在 36 小時內送達使用者手中。

消費者之所以能夠品嘗到大洋彼岸的美味就是因為網路商城啟用了 C2B 模式。透過 C2B 聚集了分散的消費需求，賣家拿到網路商城的大訂單之後可以透過供應鏈優化來降低商品成本，幫助消費者獲得了質優價廉的商品。C2B 真正實現了消費者需求的聚合，利用這種聚合可以改變供給模式、優化供應鏈，實現效率和利潤的提升。

使用者參與產品創新

C2B 的集採預售模式主要是聚集消費需求來集中釋放，尚屬淺層 C2B。而深層的 C2B 模式在聚合消費者需求的同時，也讓消費者參與到產品的設計製造環節，實現個體或群體訂製，從而實現了供應鏈的重構整合。

例如現在已經躍居全球手機市場第三名的小米手機就是採用了 C2B 模式，透過汲取消費者的意見和需求完成「預

付＋訂製」的環節，在這一過程中實現供應鏈重構，根據使用者的價值需求在全球範圍內尋找供應鏈的最優組合。從某種意義上來說，供應鏈的重組可以最大限度地為使用者創造價值。

使用者參與產品創新已經成為一種時尚。對於傳統企業而言必須要學會改變，改變原有的「我設計、我製造」的模式，且西元 1980 年至 1990 年後生的人已經逐漸成為最具購買力的人群，而他們的生活方式和個性化的需求更要求企業提高使用者參與度。企業要運用 C2B 模式，打造與使用者溝通的平臺，讓他們可以參與產品設計研發、製造、銷售的整個過程，最終打造符合其個性化需求的產品。

品牌需要的是「粉絲」，而不僅僅是會員

隨著網路的發展，「粉絲」不再是追星族的代名詞，對某物狂熱的愛好者就被稱為粉絲，例如「果粉」就是指那些瘋狂喜歡蘋果產品的使用者。產品品牌擁有粉絲團已經不是什麼新鮮事，相反地，一個沒有粉絲的品牌很難支撐下去。

有人將傳統的會員模式歸為粉絲一類是錯誤的。所謂的會員管理大都是同樣的模式，即消費積分。根據消費的多少劃分會員級別以享受不同的折扣，與打折卡相類似；或者就是積分換禮品，實質上就是用禮品來獎勵顧客的消費。這種

會員模式是建立在利益交換的基礎之上的，拋卻利益之後，這種模式就很難維持下去。

現在很多大型商場所實行的金卡、銀卡、白金卡制度都是根據消費額度所劃分的等級消費，這是一種交易關係，並不是建立在平等和情感之上的朋友關係。

會員資格是透過消費來獲得的，而要保持會員資格也需要消費，所以維持整個會員體系需要投入巨大的成本。很多企業在執行會員模式之前只是本著一種從眾心理，沒有進行詳細的規劃、財務評估以及 ROI（Return on Investment，投資報酬率）分析，終歸會被可怕的成本泥潭吞沒。

積分僅能夠維持短時間的消費，但無法長久地留住會員，就這點來看，自發的粉絲群體比會員模式更可靠。粉絲群體的彙集是基於共同的情感共鳴和對品牌的真正熱愛，所以品牌需要的是那些「真粉絲」而非「偽會員」。

培養品牌的「死忠」粉絲

在網路時代，擁有多少粉絲就具備多大的影響力，平庸的產品與偉大的產品之間的區別相當程度上取決於粉絲數量，就這一點來說，粉絲數量也意味著經濟價值。

粉絲的狂熱源於情感，他們是最忠誠的消費者。粉絲們因為同樣的情感組成一個個團體，無論是購買海報、唱片、

演唱會門票，還是購買品牌產品，粉絲們都成了明星或品牌的積極宣傳員，他們的指向性消費也創造了巨大的經濟效益。粉絲是電視節目收視率的保證，是貢獻電影票房的支柱，更是品牌產品生存的法寶。

在粉絲經濟無比繁榮的今天，培養「死忠」粉絲已然成為品牌發展的重要手段。這樣的粉絲是對品牌極度忠誠的支持者，是品牌最有價值的意見領袖。一個品牌能夠把握粉絲的需求就可以占有市場，數量越多，市場占有率越大，但最重要的是若想實現品牌的持續發展，培養「死忠」粉絲才是王道。

粉絲不是天生就喜歡這個偶像或品牌，這就需要做好粉絲經營。首先要保持與粉絲的互動，以雙向互動代替單向傳播；其次是要與粉絲進行價值傳遞，只有使用者從品牌中感受到了相同價值觀才有可能成為粉絲；再者要善於製造話題，社群是營造使用者參與感的基礎，藉助社群粉絲可以進行積極互動，最終有可能轉變為「死忠」粉絲。

▌微行銷實戰：

運用社群媒體打造粉絲影響力

　　微行銷是利用行銷策略，將傳統方式與網路思維相結合，分析數據資料，注重每一個細節的實現。

　　隨著行動網路技術的發展，社群媒體逐漸出現，為人們分享、討論、評價提供了一個平臺，而這又成為微行銷產生、發展的基礎。微行銷藉助社群媒體釋出產品資訊，與使用者交流溝通，改進產品功能。做好微行銷的關鍵就是處理好與使用者的關係。

　　微型部落格與社群平臺是當下使用者數量最多的平臺，也是微行銷者的不二選擇，那麼為什麼這兩個媒體如此受歡迎呢？如圖 5-5 所示。

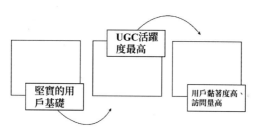

圖 5-5 社群平臺受歡迎的三個主要原因

★ 堅實的使用者基礎。微行銷是一種流量經濟，以自己的
服務平臺吸引更多的人才、資金、技術等，促進自身的
發展。因此，龐大的使用者群就是微行銷所重視的，他
們能夠帶來巨大的利潤。線上的電子商務跟線下的實體
店類似，都以高數量的使用者流量為發展前提。

★ UGC（User-Generated Content）活躍度最高。UGC 即使
用者原創內容，網路時代將原本的下載變為下載與上傳
並重。活躍的 UGC 原創內容，便於微行銷者即時了解
客戶的需求，即時改進，為他們提供滿意的服務。

★ 使用者黏著度高、訪問量高。微行銷的使用者黏著度不
同於電子商務的使用者黏著度，例如，在網路商城上留
言給商家時，可能沒有得到及時的回覆，但是微行銷者
提供的服務是即時服務，可以立刻給客戶回覆。微行銷
就是藉助行動網路可以隨時隨地上網來留住使用者，提
高使用者忠誠度。

企業如何在微型部落格和微信上布局行銷，挖掘產品銷售策略？

雖然微型部落格、微信都是被重視的兩個行銷平臺，但
兩者之間還是有很大的區別，要做好布局行銷，也需要清楚
它們之間的差異，這樣才能對症下藥，有的放矢，制定出完

善的銷售策略。

　　微型部落格是一個以客戶關係為基礎興起的平臺，用於訊息的分享、傳播、獲取等。微型部落格上的粉絲量得到微行銷者的重視，發展粉絲經濟。此外，社群平臺也是一些領域的專家、大亨與明星的聚集地，他們的言論容易形成風向標，引導著粉絲的思想，這些意見領袖的力量很受重視。

　　社群平臺的另一個功能就是做公關。現在眾多的新聞訊息、娛樂小報更多的是從社群平臺上釋出，很多明星也將自己的生活照、維護權益宣告、澄清事宜等放在社群平臺上，維護自己的形象，吸引眾多的粉絲；企業也逐漸重視社群平臺的作用，將正在研發產品的訊息隨時釋出到社群平臺上，在產品問世之前就做了一個很好的宣傳。

　　行動網路的發展帶動了眾多微商城的興起。微商城操作簡單，可在電腦或手機上進行。經營者只需要充分利用好資料庫裡的資料，根據客戶的需求添置貨物，再在平臺上釋出產品資訊，讓更多的人了解到，留住老客戶並吸引新客戶，增加使用者訪問量，形成粉絲經濟。

為何新媒體行銷能解決傳統行銷問題？

　　行動網路改變了行銷的方式，傳統的透過報紙、電視被動的接受產品資訊，變為如今的可以透過網路主動地搜尋產

品的訊息，並且還可以根據使用者評價來確定產品的使用品質等。社群網路的發展使客戶和商家的互動更頻繁。

行銷中由出現了一種新的方式 —— KOL（Key Opinion Leader），即關鍵意見領袖。微行銷者一般不再向使用者直接傳遞產品的訊息，直接尋找使用者，而是透過社群媒體上有話語權的人來間接贏得使用者。好的行銷效果並不在於一條廣告的分享數或者粉絲數，而在於使用者的評價、品牌的口碑、產品的形象。

使用者購買流程

消費者在瀏覽網頁或者透過電視、報紙等媒介突然了解到某個產品的訊息，產生興趣之後，會主動地透過各種社交媒介打探產品的訊息，例如產品的使用功能、保固期限、品牌的知名度、公司的口碑等，再登入公司網站購買產品。此外，還會在使用之後，將自己的使用經驗釋出到社群平臺上，供其他人參考。

產品除了自身的使用功能、包裝設計吸引消費者購買之外，宣傳方式也是一個影響因素。行銷者要充分利用產品的官網、微型部落格、微信以及各種社群平臺吸引使用者，形成自己的粉絲，打造粉絲經濟。

　　可口可樂：可口可樂的行銷勝在包裝上，將 KOL 和 UGC 相結合，推出富有特色的「暱稱瓶」和「歌詞瓶」，讓使用者購買的不僅是可樂，還有趣味性。同時，只要掃描購買可樂包裝上的 QR-Code，就有機會贏得大獎。這些行銷手段使可口可樂的銷售量大增。

Part6

APP 與社會化媒體行銷：

行動網路時代的行銷法則

▌解密 App 行銷：

行動網路時代的行銷革命

App 是 Application 的縮寫，直譯過來就是應用、運用、申請、請求之類的意思。

而今隨著行動網路的高速發展以及智慧型手機的逐漸普及，App 已經逐漸演變成為適用於智慧型手機中第三方應用程式的一種統稱。

近些年來，在行動網路涵蓋率逐漸提升的大背景之下，App 開始受到了廣泛的應用和關注，同時也促進了 App 行銷的萌芽和崛起，使其成為網路行銷手段中一種重要的行銷方式。App 行銷主要包括兩方面的含義：一方面是指利用 SNS、社群等平臺上的應用程式開展行銷活動；另一方面指專門訂製 App 開展行銷活動。

▌行動網路時代與 App 概念的產生

在西元 2007 年 1 月 9 日舉辦的 Mac world 展覽會，蘋果推出了被稱為「iPhone 執行用 OSX」的 iPhoneOS 新一代智

慧型手機作業系統，而這也是的 iOS 作業系統的雛形。

在蘋果正式推出第一代 iPhone 之前，它還只是一家專注於生產個人電腦以及隨身娛樂裝置的製造商，在行動電話領域，Nokia 以及黑莓（BlackBerry）還牢牢穩居霸主的地位。蘋果推出的各種類型的電子產品，雖然在設計和品質方面都居於上乘，但是在那時還沒有能夠認識到「iPhone 執行用 OSX」，系統的價值。

但是作業系統在推出之後卻並沒有得到良好的響應，因此賈伯斯親自上陣，去遊說各個軟體公司以及眾多的個人開發者，透過開發各種 Web 應用程式來對「iPhone runs OSX」平臺的測試工作提供重要的支持。

西元 2008 年 3 月，蘋果正式釋出了智慧行動電話 OS，並面向廣大的開發人員的開放，開發人員可以免費下載該程式，從而設計出適用於 iPhone 及 iPodtouch 的應用軟體。

智慧行動電話 OS 的正式公布在行動電話領域得到了熱烈的響應，僅僅在不到一週的時間裡，相關應用開發包額度下載量就已經達到了 10 萬次，3 個月後下載量突破了 25 萬次。

西元 2008 年 7 月，蘋果將 iPhoneOS1.1.4 版本更新到了 2.0 版本，在這一版本的系統中還具有 AppStore 功能，在 AppStore 中有種類豐富的 App，iPhone 使用者可以在這裡面找到自己需要或者感興趣的 App 並下載。

　　隨後，蘋果公司又推出了 iPad，引領人們進入了一個平板電腦時代。iPad 同樣採用 iOS 作業系統。只不過由於智慧型手機與平板電腦之間的差異，iOS 作業系統在應用到平板電腦的時候進行了相應改善和優化，因此 iPad 在市場上熱賣的同時，AppStore 內各個 App 的下載量也得到了迅速提升。

　　截止到西元 2014 年 7 月，蘋果 AppStore 的 App 數量已經超過 120 萬款，下載總量達到了 750 億次，平均每秒就有 800 個 App 正在被下載，平均每個 App 被下載 6.2 萬次。

　　iPhone 以其出色的外觀設計以及系統介面設計在市場上受到了眾多消費者的歡迎，在市場上掀起了一股「蘋果熱」，而且隨著行動終端裝置在市場上的爆紅，在 Wap2.0 基礎上的行動網路技術也得到了廣泛推廣和應用。

App 對新時代的重新定義

　　網路的發展帶領人們走進了一個訊息化的新時代，而智慧行動裝置的普及應用拉開了網路時代的新序幕，人們也將從 Web 時代邁向 Wap（Wireless Application Protocol，無線應用軟體協定）時代，從而使原本只是作為網路補充的行動網路，發展成為可以與之相抗衡的市場。

　　所謂的行動網路就是將網路的末端從相對固定的 PC 轉移到更加便於攜帶的智慧行動平臺上。在 Web 時代的網際網路，

已經不再受到行動裝置網路瀏覽器的限制，利用 App 進行了全新包裝，並為網友呈現了一種不一樣的網際網路面貌。

因此說，網路依然是網路，只不過貼上了「行動」的標籤，在個人電腦中適用的軟體也依然是那個軟體，不過當延伸到智慧行動裝置上後就更名為 App。有人將「行動」以及「App」共同整合在了行動電話上，於是也就產生了「行動網路時代」，並開始日漸滲透進人們生活的各個角落。只要開啟智慧型手機中相應的 App，就可以實現購物、天氣查詢、娛樂、社交等目的。

在行動網路時代到來，並逐漸影響人們生活方式和習慣的同時，App 行銷概念也隨之誕生。

「App 行銷」指應用程式行銷，是隻利用智慧型手機、SNS、社群等平臺上執行的應用程式來開展行銷活動，從而改變傳統的行銷方式，進一步豐富行銷手段。

因此從這個角度上來講，App 行銷中的很多手段早在電腦誕生和使用的時候就已經出現了。例如，在正式邁向網路時代之前，有的企業為了獲得一定的商業利益，會投資編寫一些能夠吸引使用者的電腦程式，並在這些程式中插入自己的廣告，透過各種形式將其提供給電腦使用者，讓使用者在享受便利和優惠的同時了解到自己的產品，從而提升自己品牌的影響力。

也有的企業會採取一些相對高階的植入方式，例如在有些程式的開發過程中，在與自己相關的產品上標上企業的 logo，或者在程式中直接建構自己的業務管道。汽車廠商贊助遊戲《極速快感》（*Need for Speed*）就是一個典型的例子，遊戲中使用的汽車都有企業的 Logo，為企業的品牌做了良好的宣傳。

網路的誕生以及發展就是在已有的基礎上重新包裝，用一種新的載體和面貌呈現在網友眼前，這個道理也同樣適用於行動網路、App 及 App 行銷。

行動網路的發展以及在生活中的廣泛應用，改變了人們傳統的生活和消費方式，為人們的生活和消費提供了極大的便利，智慧行動裝置以及行動網路已經成為人們生活中不可或缺的一部分。

從全球範圍來看，街頭、各種公共場所、大眾交通運輸工具上，幾乎每個人都手持一臺智慧型手機，或查找資料，或聽音樂，或瀏覽網頁，有的甚至邊走路邊看手機。雖然表面上看，這是對行動裝置的依賴，但是從實質上來說是對各種行動應用程式的依賴，因為本質上是這些應用程式滿足了人們的生活、學習以及娛樂的需求。

App 滲透進人們生活的各個領域

智慧行動裝置最開始是在傳播領域發揮了重要的價值，不僅為使用者提供了更加便捷的資訊，同時也讓企業擴大了傳播和影響的範圍。

西元 21 世紀初，隨著行動網路的發展，各種社會化的媒體平臺開始興起，例如 Facebook 和 Twitter 等，都開發和擁有各自的 App 客戶端。而且隨著技術的不斷提升，客戶端的版本也在不斷更新，功能也逐漸完善，在相當程度上已經可以實現 Web 頁面登入的所有功能專案。據調查，平均每個人每天都會花費 1 個多小時的時間在智慧行動裝置上。

種類豐富的行動 App 為人們的日常生活和消費帶來了極大的便利，讓人們手指輕點就可以實現「足不出戶」的願望。之前比較高階的 GPS（Global Positioning System，全球定位系統）也開始廣泛應用在智慧型手機以及相關的應用中，從而利用這一功能實現定位、導航等服務。智慧型手機中的行動 App 幾乎已經涵蓋了人們生活的各個方面，包括購物、餐飲、娛樂、社交互動、信用卡還款、捐贈、生活繳費、手機充值等。

App 在商業領域同樣也具有巨大的發展潛力，早在幾年之前，沃爾瑪（Walmart Inc）就已經採用專門訂製的 App 來

即時管理和操控賣場。後來的實踐效果也證明沃爾瑪這一策略決策的準確性。沃爾瑪投入的只是研發訂製 App 所需要的費用，但是卻讓公司所有的員工都擁有了企業終端裝置。

此外，透過不同的訂製 App，可以將智慧型手機或者其他智慧行動裝置轉變為擁有企業管理、庫存監控、物流監控、貨物統計以及品質監控等功能的專業工具，從而讓企業在低成本的前提下有效提升工作效率，並轉化成實實在在的利益。

App 行銷

隨著網路的興起和廣泛覆蓋，網路行銷產業也隨之崛起，在 App 剛萌芽的時候，網路行銷產業就開始向這一領域延伸和滲透，從而促進了 App 行銷概念的產生。

最初 App 行銷採用了一種比較簡單的方式，表現形式類似於電視廣告跑馬燈，在使用者開啟相關的應用之後，跑馬燈就不會不斷向使用者輸送各種廣告，而 App 主要的盈利方式是收取相關廣告代理商的廣告費用。

App 行銷就是在已有概念的基礎上重新包裝，從而利用一種新的載體以及面貌呈現在大家眼前的過程，因此網路時代的網路行銷就是行動網路時代 App 行銷概念的雛形。隨著行動網路的逐漸深入發展，App 行銷概念也會得到發展，其

發展模式也可能會發生變化，但是不管怎樣變化，其本質上仍然是一種網路行銷方式。

智慧行動平臺 App 在團購網站的應用為人們的日常生活提供了極大的便利，並從根本上改變了人們的消費方式。如拿外出就餐來說，在傳統的消費方式中，首先需要查詢好自己對哪個餐廳更有興趣，然後查詢相應的交通路線圖，並記錄下來，然後出門選擇一定的交通工具；而今有了 App，只要有外出就餐的想法，可以直接用手機上的 App 按照不同的關鍵詞來做出相應的檢索，在查詢到自己滿意的餐廳之後，就可以利用與 App 連結的地圖導航查詢相應的路線，並直奔目的地。

根據權威數據顯示，擁有智慧行動裝置的使用者，平均每天都會開啟或使用 15 個應用程式，並且平均每天都要花 1 個多小時的時間在智慧行動裝置上，未來隨著智慧行動端裝置的不斷普及，App 行銷將在人們生活中發揮更大的作用。

App 行銷的優勢與困境

事實上，App 行銷中所採用的方式並沒有創新的因素。例如最典型的「全功能包含品牌型」行銷應用，主要是針對企業的品牌來製作 App，主要包括產品資訊、每季最新產品資訊、實體店的優惠活動、通路消息等。而一些服務類的

企業 App 可能還會設有預訂的功能，讓使用者可以在線上預訂、線下消費，產品資訊也會即時更新上線。

從以上 App 行銷中所採用的手段來看，App 行銷採用的方式依然是比較傳統的傳單、廣告宣傳、優惠券等，只不過利用平臺，將各種傳統的行銷和業務手段全部整合起來，並利用 App 的形式表現出來。

從效果上來看，這種全新的網路行銷方式更容易被接受和認可，使用者在使用智慧行動平臺的時候會根據自己的需要和興趣選擇一些 App 來下載。

在大多數消費者看來，App 並不是一種廣告和行銷手段，而是他們獲取訊息的一種新方式和管道。因此在 App 行銷中，消費者的角色發生了轉換，從原來的被動接受訊息轉換到了主動了解訊息並進行推廣的位置。App 中訊息的及時更新性，使得 App 行銷可以在長時間裡與客戶保持互動，從而增強使用者對品牌的黏著度，提升品牌的影響力。

App 行銷可以說是目前最為流行的一種行銷方式，但是只有當使用者安裝了 App，這個 App 才會發揮其行銷功能，因此問題的關鍵就在於怎樣讓使用者安裝相關的 App。

iOS 和 Android 平臺上的應用數量已經突破了 150 萬，在數量如此龐大，種類如此繁雜的 App 面前，為了能讓使用者知道和了解自己的 App，企業不惜耗巨資在應用商店中購

買廣告以推廣，而像肯德基（Kentucky Fried Chicken，簡稱 KFC）、麥當勞這樣的大型速食連鎖企業，根本不用擔心 App 下載量的問題。

那麼對於實力比較弱小的中小企業來說，怎麼樣才能讓自己的 App 在龐大的應用市場內脫穎而出呢？這也是影響 App 行銷發展的重要阻力，企業只有成功解決這一問題，才能在行銷方式上實現創新，並為其創造更大的價值。

App 行銷 —— 整合才是根本

圍繞使用者的實際狀況和結合行業的發展現狀，在立足現實的基礎上利用有效的方法和手段，將其整合為一個完整的網路行銷服務體系，同時開闢可以滿足實際需要的網路投放管道，透過這個管道輸送產品，並根據市場的回饋即時調整投放策略，最終實現企業的行銷目標，這也是整合網路行銷的基本邏輯思維。整合也是幫助 App 行銷實現突圍，實現更大價值的策略方式。

如企業利用整合網路行銷，可以提升其知名度、建立良好的網路口碑以及優化搜尋引擎等行銷手段，也可以推出其行銷應用，採用靈活、有趣的行銷手段來推廣，從而提升 App 的下載量。

在整合行銷體系執行的前期，主要是利用各種形式的行銷手段來提高品牌知名度、樹立品牌形象，提高 App 的下載量；而在後期，在累積了一定的使用者以及影響力的基礎上，充分發揮 App 行銷的功能來吸引和留住使用者，從而為企業帶來持續性的利益。

隨著大數據時代的到來，訊息已經逐漸變成一種泛濫的資源，而如何從龐大的數據訊息中提煉出有用的訊息為我所用，就成了企業走向成功的關鍵。從網路行銷的角度來看，篩選和整合有價值的數據訊息，並透過合理的管道呈現在目標消費群面前，是其實現網路行銷目標的重要手段，而整合網路行銷是將多平臺、多層次、多角度的網路行銷手段整合在一起，從而以一種多元化的形式擴大使用者的涵蓋範圍。

整合網路行銷概念正日臻完善

一直以來，網路行銷在發展過程中始終面臨的一個問題就是持續性。網路在全球範圍內的發展為企業帶來了龐大的數據，企業要想利用好這些數據，從中挖掘出有價值的訊息，就必須花費大量的時間去開發和經營。一個熱門的話題或許能夠在短時間內迅速奪人眼球，但是卻無法實現持久，因此如果企業在利用網路行銷中無法實現持久，也就不可能為企業建立良好的口碑。

　　而 App 行銷的出現和成長在一定程度上填補了這一缺陷。存在於智慧行動裝置上的 App 可以讓使用者隨時隨地地了解更新的訊息，並逐漸對其形成依賴，從而可以與使用者保持一種長久的連繫，將其發展成為企業的長期客戶。

　　此外，企業也可以利用 App 更方便、快捷地向使用者發送更新的訊息，讓使用者可以掌握最新的資訊，進而對整個市場的發展趨勢形成引導之勢。

　　不管未來網路會朝著什麼方向發展，新媒體會經歷怎樣的變化，最終都將回歸到本質 —— 內容。網路的本質就是一種內容整合，只不過藉助一些先進的技術和手段以一種更便捷的方式呈現在人們眼前，同時透過內容的持續更新來為消費者提供服務。

▌App 行銷 VS 精準投放：
如何透過 App 行銷占領消費者心智？

　　IDC（網路數據中心）曾在西元 2012 年預測全球 App 的下載量在西元 2015 年會達到 1,827 億次，而在西元 2015 年 3 月，僅安卓版的 App 下載量就超過 10 億，企業 App 已成功走進人們的生活，並且更多的企業開始利用手機 App 挖掘消費者需求，推廣產品。

　　企業 App 行銷主要是應用程式行銷，指藉助智慧型手機、社群、SNS 等平臺，利用使用者長時間使用這些平臺玩遊戲、分享美食、圖片等植入廣告，宣傳產品的訊息，吸引使用者體驗購買。App 行銷不受時間、地點的限制，可以最大程度地接觸使用者，吸引使用者，最後黏住使用者，具有成本低、持續性、隨時服務、精準行銷等特點。

　　企業 App 形式多樣，可以在遊戲中植入品牌 Logo，無形中達到宣傳的目的；或是採用使用者行銷的形式，將符合自己企業定位的應用釋出到應用商店裡，供使用者選擇。

　　App 在企業行銷中發揮著重要作用。它可以對裝置有更

大的控制權，隨時獲取使用者的位置，還可以使產品和使用者有良好的互動。因此，大部分的企業都在應用商店裡釋出了自己品牌的 App。比較著名的 App 商店有蘋果的 iTunes、安卓的 Android、Nokia 的 Ovistore、微軟（Microsoft）的應用商店等。沃爾瑪也在西元 2015 年推出了自己的「沃爾瑪速購 App」，開始了自己的 O2O 平臺。

App 行銷勢不可當，銳利無比

企業 App 行銷是行動行銷的核心，它將產品和使用者密切地連線起來，具體說來有以下三大優勢。

圖 6-3 App 行銷的三大優勢

（1）成本低

這是報紙、電視等傳統媒體所無法比擬的一個顯著優勢。企業 App 行銷只需要開發一個符合自己定位的 App，就可以隨時隨地獲取使用者的資訊，挖掘使用者的喜好，並研發新功能，推出讓消費者滿意的產品。

　　例如：可以 360°地展示產品的外觀、質感、色澤、功能，並且還可以提供良好的體驗。使用者還可以根據其他使用者的評價挑選產品，在一定程度上也替企業的品牌做了宣傳，提高了知名度。此外，App 行銷也需要一定的推廣費用，但行銷的效果卻遠遠高於傳統媒體。

（2）持續性強

　　隨著時代的發展，高科技產品已進入人們的生活，現代人已離不開手機了。無論何時，他們都是手機不離身，利用零碎的時間也要玩手機。而這恰好為企業提供了商機。將 App 釋出到應用程式商店裡，供人們下載使用，並且使用者一旦使用，便會長期使用。這樣，企業品牌就會持續性地出現在使用者眼前，增強使用者黏著度，提高知名度。

（3）精準行銷

　　藉助先進的大數據技術、市場定位技術，可以方便地挖掘使用者的需求，推出新產品滿足使用者需求，黏住使用者，使使用者成為企業的固定使用者。與使用者保持良好互動，實現使用者鏈式反應增值，進而實現可持續性發展。

　　App 的這些優勢增加了企業競爭的砝碼，同時也促使企業進行革新，進而提高產品的知名度與企業的規模。

眾多餐飲店面臨著推廣宣傳的困難，下面就以餐飲業為例，列舉幾大困境。

★ 困境一：宣傳手段單一、落後，成本高。

★ 困境二：預定方式單一，且不利於使用者下訂單，成本較高。

★ 困境三：店面面積小，接納的使用者數量有限，服務品質差，使用者體驗效果差。

★ 困境四：經營手段較傳統，沒有利用大數據技術，無法挖掘使用者的喜好，導致不能形成使用者黏著度。

但是隨著技術的進步，App 出現並得到商家的重視，傳統餐飲店因此而看到了一線生機。

使用者在手機上下載 App 之後，就可以隨時隨地瀏覽選單，並且還有圖片供使用者參考，使用者點菜後，還有送上門服務。

訂餐 App 還可以記錄使用者資訊，只要使用者註冊之後，就會自動生成使用者的位置資訊，在點過菜後，下一次只要報上姓名，App 就會輸出使用者所喜歡的餐點、飲品等一系列資訊，方便餐飲店為使用者提供滿意的服務，提高使用者黏著度。除此之外，餐飲店也會舉辦節假日促銷、會員生日優惠等活動，以吸引使用者的二次消費。

此外，使用者的評價也尤為重要。新使用者在選擇一家餐飲店往往會看一下使用者評價，由此，光顧過的使用者的評價便有了參考價值，並且某些訂餐 App 還能與社群平臺連動帳號，使用方便，便於分享。目前看來，這種可以隨時訂餐的 App 深受廣大餐飲店以及消費者的喜愛，發展前景一片大好。

星巴克（Starbucks）鬧鐘是一個比較典型的例子。這款名為 EarlyBird 的鬧鈴整合於星巴克 App 中，使用者下載後設定起床時間，在鬧鈴響後，只需按照指示操作就可以得到一顆星的獎勵。更為重要的是，只要你在起床後的 60 分鐘內趕到任意一家星巴克店，就可以在當天以半價優惠享受早餐。這款星巴克 App 讓使用者一睜開眼就與星巴克連繫到一起，使星巴克深入到使用者的生活中。

企業品牌如何透過製作精良的 App 來植入人心？

在行動網路時代，人們的生活與網路息息相關，企業自身的發展也離不開網路的幫助，那麼企業應該製作怎樣的 App 來使品牌深入人心？如何才能提高使用者對 App 應用的依賴性和黏著度？ App 行銷的八個具體措施如下圖所示。

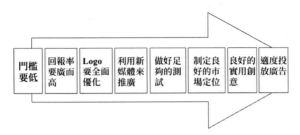

圖 6-6 App 行銷的八個具體措施

（1）App 推廣活動的門檻要低

手機 App 如同大多數活動一樣，入門的要求越低，參與的人越多；反之，則可能會無人問津。因此，第一，App 推廣活動設定的目標人群要低，最好是全社會都能參與，因為使用者的級別太高，參與的人數就少，並且級別低的使用者對活動更有熱情；第二，App 推廣活動的規則要求要簡單。太過複雜的規模不僅不易操作，還容易降低使用者參與活動的積極性，損失使用者。

（2）App 推廣活動回報率要廣而高

使用者參與活動最直接的目的就是得獎，因此活動發獎品要豐厚並且符合使用者的需求心理。

在獎品的設定上也有三點需要注意：第一，獎品可以是有形的，如電視、電腦、手機等；也可以是無形的，如證書、獎章、簽名等；第二，在獎品的設定上也要注意讓參與

活動的大多人都能得獎，調動使用者參與的積極性；第三，獎品要有特色，展現出舉辦方的特點，例如印有舉辦方 logo 的水杯、布巾等。除此以外，也要注意活動富有趣味性，有趣的活動才會吸引使用者參與，下載 App。

宜家（IKEA）的手機 App 就是一個很好的例子。透過手機 App，它可以讓使用者自己訂製自己的家，使用擴增現實技術，讓使用者把自己的家搬進手機裡，要想知道家具放在家裡的樣子，只需要掃描目錄就可以看到家具擺在家裡的實際樣子，並且還可以分享、投票給自己喜歡的布局。宜家會頒獎給得票高的布局。利用這種個性化的手機 App 達到宣傳產品的效果。

宜家的手機 App 深受使用者的喜愛。由此看來，想要有良好的宣傳效果，App 不失為一個好的選擇，而需要做的就是持續推廣 App 活動。

（3）App 的 Logo 要全面優化

企業的發展離不開品牌的樹立，而品牌又與 Logo 有關，直接決定著企業 App 是否能走得遠。既然企業的 Logo 如此重要，那麼就要對其全面優化。

第一，Logo 的尺寸要小，並且極具吸引力，方便使用者開啟、下載。第二，要掌握好 Logo 的含義。通常一個 Logo 包含著圖形部分和文字部分。圖形的設計要展現出企業產品

的特點，而文字的部分則要展現出企業的特點。需要注意的是，Logo 的設計一般是簡寫或是字母縮寫，簡潔有力，方便使用者一眼就能認出。第三，Logo 的顏色要搭配好、布局合理。字型和影像的顏色不要衝突，色彩搭配和諧飽滿，顏色也不能過於繁多。例如生活類的要突出質感和立體感，遊戲類的通常強調人物的頭像。此外，App 的 Logo 也可以根據節假日來更換顏色，但是 Logo 一旦確定，便不會隨意更改。

（4）充分利用新媒體推廣 App

隨著行動網路的發展，社群平臺的使用者數激增，企業 App 行銷可以充分利用這些社群平臺的優勢。所以，企業在推廣 App 時，最好能利用社群平臺上的 KOL 來宣傳。因此，需要企業註冊社群平臺的官方帳號後與 KOL 保持密切連繫，向他們推廣 App 產品，透過他們的粉絲群實現 App 推廣。

（5）正式上架之前，做好足夠的側試

一般企業在正式營運之前會試營運。如果負評率達到 1/10，那麼這個產品就算是失敗了。例如說，一個企業在其 App 上市後第一天有 10,000 人下載使用，但回饋回來的負評有 1,000 人，那麼這款 App 就是失敗了。由於沒有事前測試，在上市之後也就無法保證產品的完善性，因此正式上市之前的測試非常必要。

在開發之前，要做好完備的市場調研活動，調查使用者喜歡什麼類型的產品。透過市場定位，確定好目標人群以及 App 的名稱、設計、介紹、宣傳等，根據使用者需求完善產品的相關功能。

（6）制定良好的市場定位

為什麼有的 App 產品一經投放市場就引起廣大使用者的喜愛，而有的 App 卻無人問津，最終銷聲匿跡？因為受歡迎的 App 在投放市場之前，做了充分的市場調研，了解客戶的需求之後，有針對性地研發 App 產品。

西元 1980 和 1990 年後生的這些年輕的使用者群一般使用智慧型手機、喜歡下載 App，並且樂於接受新鮮的實物。因此，在研發 App 產品時需考慮年輕人的個性，App 程式需要有一定程度的創新，介面華麗但操作簡單，以此來吸引使用者下載使用，再輔以多樣的宣傳手段，使更多的人了解企業的 App 產品。

（7）良好的實用創意

企業 App 產品有了良好的宣傳之後，還需要有實用的創意才會被使用者長久地使用。而創意需要貼近生活實際，研發適合自己公司的 App 產品，符合使用者的需求。設計企業 App 時需要將好奇、誇張、自負、偷窺、懶惰、嫉妒、善

良、健康、貪婪、歡樂等因素新增進去，創作滿足多種需求的 App。

透過 App 產品來達到宣傳產品的效果，拉近產品與消費者的距離，體驗到產品帶來的不一樣的使用體驗，進而樹立品牌形象，提高產品的競爭力。因此，好的 App 創意方案就顯得尤其重要。好的創意方案容易吸引使用者下載、體驗，進而利於產品的行銷，品牌形象的樹立。

（8）適度投放廣告

想要宣傳一種產品，必須藉助於廣告的力量，而廣告一般是需要一定的費用的。但是定量的投放廣告對於推廣 App 有著不可忽視的作用。

隨著網路的發展，企業通常會選擇在網路上投放，而網路廣告主要有純廣告、動畫、聲音、影片等相結合的廣告，搜尋廣告以及行動裝置上的廣告等。隨著科技的發展，廣告收費方式也多樣，如按廣告投放實際效果收費、按人次訪問量收費等。

‖App 行銷＋O2O 模式：

變革時代的零售大廠行銷策略

在行動網路時代，國際上的一些零售企業根據自己產品的特點開發出了適用不同平臺的 App。一方面可以展示自己的多元化與個性化產品，另一方面透過其 App 上獨特開創的特色功能達到提高使用者體驗、簡化交易流程、加強與使用者的交流互通等，實現了行動終端與線下店面的結合，進而完善了 O2O 模式生態圈。

下面為大家介紹一些優秀的 App，希望讓大家借鑑。

（1）蘋果商店

蘋果商店的 App 致力於為每位訪問的消費者提供最為方便快捷的優質化服務。它的一些經典服務功能有提供天才吧（Genius Bar）的專家預約服務、交流會的簽到、挑選商品的包裝、重要行程安排提醒、最新的蘋果產品及其周邊產品的購買、查詢附近的蘋果商店等。

（2）Redbox

主營電影租賃服務的 Redbox 的 App 意在為消費者提供簡化租賃流程，使影片的租賃過程更加簡便快捷。透過 App 來預定影片，當你到達自助式租片機時，DVD 已經為你準備完畢。當然你也可以在 App 上檢視 Redbox 商店及自助式租片機可供租賃的電影的訊息，並為你提供定位服務以使你找到離你最近的租片地點。

（3）星巴克

星巴克在行動網路上的布局堪稱經典之作，其 App 的功能設計也當屬企業之中的典範。它利用蘋果的 PassBook 開發的 App 實現了支持無現金支付的快服務功能。還可以在 App 上登記會員卡、查詢餘額與積分、會員卡之間轉帳等功能，還提供了實用地圖、產品諮詢及在社群媒體 Facebook、Twitter 上與其他使用者互動分享等。

（4）塔基特（Target）

塔基特的 App 將會幫你找到滿意的商品，優化你的購物之旅。其特色功能是「我的購物單」，購物之前可以生成這個購物單，而且可以隨時修改新增並透過查詢功能找到你朋友的購物單。還可以透過定位搜尋找到距離你最近的商店，並檢視商品的庫存情況。

另外，它還能提供條碼掃描、商品促銷打折優惠券的領取以及智慧化的語音辨識功能。而且它的相容性良好，目前擁有 Android、iPhone、iPad3 個版本。

（5）西田購物中心（Westfield Malls）

除了最基本的購物 App 都有的購物中心周邊地圖及商品賣場資訊外，它還具有搜尋的功能，可以搜尋到商品、酒店、餐廳以及一些活動。它引入了 OpenTable 和 Movie Tickets 的功能，提供餐廳預訂和訂購電影票的服務。最近更新之後又加入了類似 Siri 的功能，透過語音控制為你導航。

（6）百思買（Best Buy）

它的 App 在你掃描商品的條碼之後可以讓你了解到產品的詳細資訊、使用者評論，還為使用者精心準備了心願單，收藏的商品有促銷活動時，它還會及時地發送訊息通知你。

百思買還研發了一些個性化的應用程式，例如 Buy Back、Excuse Clock 等。

Buy Back 是為了滿足家電大廠在產品回收功能開發的應用程式，透過使用其 Buy baculator 功能可以了解到電子產品的回收價格，讓消費者即時地更換電子產品。另外 Upgrade Checker 的功能可以幫助消費者了解裝置的版本及更新情況。更具特色的是 Telephone Time Machine 功能，它可以為消費

者的鍵盤提供不同的款式。

　　Excuse Clock 則是百思買開發的另一種有趣的應用程式，它能夠模仿手機螢幕內容，但是可以設定一個不同的時間。在你參加一個活動遲到時，你可以設定一個慢一點的時間，以便你向別人解釋。當然你可以將時間調得更快一些來應付一些其他的事情，但最好不要經常使用此功能。

（7）家得寶（The Home Depot）

　　家得寶的 App 透過掃描 QR-Code 獲取商品詳細資訊以及使用者評價內容，並可將這些訊息發送到 Facebook、Twitter 等社群媒體與大家分享。還有一些功能如賣場定位、貨物擺放位置、購買電子賀卡、觀看 DIY 影片等，還能實現線上訂購，線下店面隨時取貨等。

（8）玩具反斗城（Toys「R」Us Shopping）

　　玩具反斗城的 App 可以讓使用者掃描 QR-Code 的同時，得到商品的詳細資訊、評價及一些相關影片。透過它可以進行價格、相關性、類別、使用者評論等的商品篩選。它還具有商品定位、透過連結的手機號接收優惠訊息等功能。

（9）萬事達（Mastercard Incorporated）

　　萬事達的 App 應用 ATM Hunter 可以讓你很便捷地找到附近 ATM 的詳細位置以及其他範圍內的 ATM 位置，顯示接

受 PayPal 服務的商家的具體位置與訊息。此外 ATM Hunter
還提供地圖功能，幫你找到這些 ATM 的位置資訊，此外它
還能向使用者提供一些金融方面的專業性知識。

（10）GAP

它是個主要服務於服裝的 App 應用程式，能夠提供最新
的流行服飾的顏色、款式以及其庫存量，掃描 QR-Code 以
獲得產品的詳細資訊及其類似的款式等，還可以直接下單購
買，與朋友分享你所喜愛的樣式等。

（11）霍利斯特（Hollister）

它幾乎涵蓋了牛仔褲所有的類型，裡面有詳細的牛仔褲
樣式訊息，配以生動的圖片展示，讓你足不出戶買到心儀的
牛仔褲。

（12）Teavana

它是茶葉零售商 Teavana 開發出來的向消費者提供 Teav-
ana 茶以及其他品牌茶的資訊，它具有專業的茶葉搭配知識，
對茶葉的購買、飲用、儲存等有詳細規範而又科學合理的介
紹，你可以記錄下你所喜愛的口味，以便在下次飲茶時能夠
找到搭配訊息，還能夠根據不同的茶葉選擇不同的音樂帶來
更舒適的體驗，當然你也可以透過 Facebook、Twitter 等分享
你所鍾愛的茶葉。

（13）傑西潘尼（J. C. Penney）

傑西潘尼的 App 可以在任何時間段找到你所滿意的商品及評論訊息，透過積分、購物卡、Paypal 帳戶等多種購買方式都可以購買，消費者可以選擇送貨上門服務或是去商店自取，也可以和線上的客服人員隨時溝通。

（14）沃爾瑪

相比於其他的 App，沃爾瑪的 App 在社交方面有些不足，但它也具有其他方面的特色。例如，支持語音通話，提供商品的打折訊息，隨時檢視商品的位置、庫存量，查詢最近的商店的位置等。

（15）Amazon

亞馬遜的 App 提供搜尋服務，顧客隨時查詢商品的訊息及使用者評價並在手機上一鍵下單，享受專屬的 Amazon Prime 服務、跟蹤物流、售後諮詢服務等。消費者對於一些不知道名字的產品，可以透過手機鏡頭拍攝下來上傳到 Amazon，它能自動查詢及推薦類似的產品，為消費者節省了許多中間不必要的時間。

另外，亞馬遜還提供了 Price Checkby Amazon App，消費者可以透過這個軟體實現產品的價格對比，選出性價比最高的產品。

（16）eBay

賣方利用 eBay 的 App 來評估銷售形勢，並實現產品的銷售。eBay 的 App 應用可以幫助消費者參與競價，並將一些收藏的商品的交易價格訊息向消費者回饋，也支持 QR-Code 掃描查詢與 Paypal 直接支付。它還在團購、查詢購買記錄、出行等方面具有很多實用功能。

eBay 還開發了一些專門行業的 App，如銷售汽車及其配件的 Bay Motors、條碼掃描 Red Laser、服裝款式的 eBay Fashion 等。

▋App 與社會化媒體行銷：

企業如何建構社會化媒體行銷生態？

　　社會化的內容在企業的品牌與消費者的互動中占據核心地位，它也是社會化媒體行銷的爆發點，但是擺在企業家面前的是如何將這些內容流暢、準確地傳達給企業的使用者與粉絲群體，更進一步地使使用者自發地作為社會化的傳播平臺，並將這些品牌內容主動傳播給其他社群。

　　怎麼才能做到企業品牌傳播資源的合理分配，使消費者在系統上與整體上掌握品牌，而不是只關注於品牌某方面的單一特性？對這些企業來說，想要做好社會化的品牌行銷，將傳播管道深度整合並打造社會化的媒體行銷生態圈才是企業的當務之急。

▋ 內涵和價值

　　社會化媒體行銷生態圈是指消費者在社會化媒體上獲取企業資訊，與企業互動進而能夠自發地尋找企業的官方訊息，形成以產品行銷、企業資訊流管理輸入輸出、後端服

務、輿論回饋為一體的行銷體系。

此種社會化媒體行銷生態圈有何優勢？要知道這個問題的答案首先要從社會化媒體上使用者開始了解企業的品牌資訊開始。

使用者在這些社會化媒體上可以享受休閒娛樂、交友互評、訊息共享等多方面的體驗，而有些與企業品牌有關的訊息也能夠傳遞給使用者，出於娛樂或者是學習等目的使用者會分享自己感興趣的話題讓更多朋友看見，一些使用者可能會需要對產品進行詢問或是購買，進而能夠自發地搜尋品牌資訊、瀏覽企業網站等。

但是在這個品牌資訊的傳遞過程中，使用者要經歷資訊的獲取、參與互動以及主動地了解品牌等階段，難免會有大量使用者流失。而這個社會化媒體行銷生態圈的意義正是在於透過建立一個健全的從產品行銷到大眾回饋的生態系統，有效減少了大量的使用者流失問題的發生，提高企業的品牌知名度。

社會化的媒體行銷生態圈主要有三個層面，如下圖所示。

★ 企業官網社群，也是這個生態圈的中心，最高價值的使用者也是存在於此；

★ 自有媒體，它是指那些企業開發或維護的一些能夠與消費者互通的管道；

★ 觸點媒體，是指潛在的或者使使用者能夠了解到企業品牌所有資訊的社會化媒體平臺，將生態圈的範圍擴展到全媒體領域。

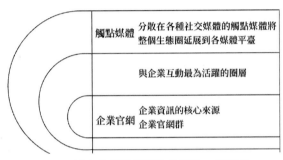

圖 6-8 社會化媒體行銷生態圈的三個層面

如何建構社會化媒體行銷生態？

建構此生態圈要緊緊圍繞企業官網這一企業資訊的核心來源，要深化企業官網的改造，使其成為企業與使用者互通的橋梁。最後，透過這些使用者可能接觸到企業品牌資訊的全媒體平臺的進一步深化、整合、改造，使其成為企業資訊傳播的便捷管道。

實現過程有如下：將企業官網深度社會化，提供使用者向其他社會化媒體的分享功能，在官網中植入自有媒體的內容並實現和自有媒體訊息的同步化更新，加入粉絲討論群組，社會化媒體的回流獎勵等；將訊息透過官網能夠與使用

者即時共享，並在官網群實現與使用者的互通，積極引導使用者發言、分享內容等。

　　國際上不少企業把官網做成了與使用者進行深度溝通交流的平臺，提升使用者的體驗。

　　西元 2013 年 5 月，挪威的 Bergen 市的 IKEA 發起為企業搬家的活動邀請。它在社會化媒體上發起了「每個人都需要別人幫忙，IKEA 也是」為主題的活動，並在官線上釋出了「幫我們種下第一棵樹」、「擔任演講者」、「與市長剪綵」、「扮演小丑」等任務，在短短的幾個小時裡任務被市民們領完，一些來晚的市民甚至開創了一些新的任務並自願去完成。開業的那天本地市民中有 20%以上都來參加了開業典禮，各大媒體爭相報導，掀起了一陣熱潮。

　　充分利用自有媒體可以傳遞企業的品牌、產品、文化等訊息，讓使用者在自有媒體的使用過程中自然地接受這些訊息。企業建立官方帳號早已不是什麼難題，更為重要的是怎麼發揮這些自有媒體的效用，讓消費者自發關注。

　　要完成這一任務還需要企業能夠發揮創新精神，創造一些參與度高、回饋性好的話題，提高使用者的積極性讓他們主動地傳遞企業的品牌、服務、文化等。

　　觸點媒體作為傳播企業資訊的全媒體橋梁，深化對觸點媒體與企業的結合創新，使其成為傳遞企業資訊的優質媒介。

　　觸點媒體化方面成功的企業，舉例而言有巴西的 Magazine Luiza 電商企業，透過開放性的網路商品，使用者可以自己隨意組合這些商品，完成之後在 Facebook 上生成銷售頁面，進而將這些頁面透過 Facebook 與自己的好友分享，當其他人購買這些商品時，使用者會按比例獲得一定的提成，這種創新性的模式極大地促進了使用者對企業產品傳播的積極性，為企業拓寬了銷售管道。

　　不僅如此，Magazine Luiza 還利用本土的社群媒體 Orkut 讓商家發送訊息，傳遞給其他朋友，利用好友圈的擴散力推廣企業的產品。

自循環的核心

　　透過成立社會化媒體行銷生態圈，使使用者能夠積極主動地參與進企業的產品行銷過程中來，能夠為企業的品牌及企業文化的成長帶來一種積極向上的良好氛圍，為企業形成正面的社會形象，並進而帶來源源不斷的客源。

　　企業在這個生態圈中應該積極主動地接受使用者的回饋訊息，對使用者的批評與建議應該虛心地接受並積極改正，了解市場潮流並了解使用者的需求的改變，精確地評估這些數據，找到滿足消費者需求的契合點。這個生態圈的良性循環正是基於企業品牌與產品使用者之間的有效互動。

　　在社會化媒體行銷生態圈中，企業官網、自有媒體、觸點媒體對企業的單獨影響可能不是很大，但是將這 3 個整合為一個可以自循環的生態圈時，它給企業帶來的將是行動網路時代的一場社會化媒體行銷的巨大風暴。

▍自媒體互動行銷：

自媒體時代，顛覆傳統的行銷模式創新（上）

自媒體，英文名為 We Media，是普通大眾在數位科技強化的時代裡，釋出自己所知所覺的新聞事實，或者分享自身生活與觀點等內容的一個載體。自其橫空出世以來，就一直占據著大眾的視線，並隨著資訊科技的發展而持續自我完善。

在這一過程中，自媒體不僅潛移默化地改變著人們的生活習慣，還對消費方式等方面產生了深刻的影響。基於此，諸多企業都將之納入到了自身行銷策略的範疇之中，使之成為行銷媒介方面的一個兵家必爭之地。在這一方面，自媒體憑藉其「互動性強」這一獨特優勢為行銷模式開闢了一個全新的方向，那就是極具活力的互動行銷。由此，企業在社會認知度和市場開發方面有了更為廣闊的發展空間。

其實，在傳統的企業行銷模式中也存在著互動行銷，只是互動性質比較弱，模式也多為單向，所取得的效果就比較差。

從傳統的方式來說，企業與其目標消費族群之間的互動方式比較簡單，普遍使用調查問卷等方式徵集市場回饋訊息、推動企業在市場上的知名度。然而，這些互動的方式需要的週期比較長，所以就決定了訊息的時效性較差，企業從中得到的回饋就不夠及時，與預期的效果會有一定的偏差。

而自媒體所帶來的全新模式的互動行銷就完美地解決了這一問題。自媒體平臺本身的發展也日益完善，尤其是在網路的全面普及和行動網路的不斷發展下，自媒體平臺作為諸多企業爭相搶占的行銷管道，為企業與目標消費族群之間架起了一座互動的橋梁。

事實上，早在自媒體得到普及之前，諸多企業就將行銷的目標平臺瞄準了網路。

然而，這並不意味著企業就能夠輕鬆以對了，因為新的問題出現了：網路包含了形形色色的人，類型不同，需求就不同，如何從中快速而精準地找到企業所需的目標群體呢？找到之後怎樣施展行銷方案才能以低成本達到較大的影響力呢？有了具體的行銷方案後又如何使消費者進行積極的配合，從而達成一種穩定的關係呢？這些都是企業尤其是消費品生產企業或服務性企業一直探究的問題。

這些問題同樣可以透過自媒體平臺來解決。自媒體平臺都可以作為企業行銷的一個媒介，而企業則可以透過這一媒

介做出目標消費族群的精準定位，並獲悉其需求，然後視情況而設定合適的行銷內容，再透過趣味性或引導性的方案吸引住目標消費族群。如此一來，企業便可以與目標客戶保持長期的互動，並將自己的產品與服務成功推廣出去。

自媒體互動行銷的現狀

自媒體的出現改變了傳媒行業的格局，對傳統媒體來說既有著衝擊卻又是一種補充。這一新型平臺的出現，帶來的是一種全新的傳播方式，而這種傳播方式對企業來說是一個機遇，一個可以用來進行互動行銷、拉近與消費者距離、即時得到市場回饋的契機。

以往，大眾在社會的話語權比較弱，只能夠被動地接收訊息，當一個社會訊息的「旁觀者」，而自媒體時代改變了這一狀況，其平民性的特徵使得人人都可以擁有自己的媒體，這就意味著人們可以在自己的「一畝三分地」裡充分地展示自己，表達自己的觀點，甚至可以引導社會輿論。

透過自媒體平臺強大的傳播力，訊息傳播者與接收者之間的距離被無限地縮短。正因如此，自媒體才具有市場認可的行售價值。

然而，沒有什麼能夠一成不變，行銷手段自是要隨著傳播方式的不同而不斷變化。自媒體行銷的一個明顯特徵就是

低門檻，與傳統媒體被大企業占據不同，其成本非常低廉，這就使得諸多中小企業紛紛搶灘，自媒體行銷成了一個搶手貨。

面對這一情況，就需要各個企業各顯其能，從自身實際出發，制定出合適的行銷手段，以此來推廣自己的產品，維護企業的形象。

自媒體互動行銷的適用範圍

正如上文所說的一樣，自媒體互動行銷的門檻比較低，也就是說其適用範圍是比較廣的。但是具體分析而言，任何一種行銷方式都有其更為合適的對象，即有著較強的針對性，自媒體互動行銷儘管適用範圍頗廣但也不能例外。那麼，什麼樣的企業更適合自媒體互動行銷呢？

這就需要從「互動」兩個字入手。一般來說，那些需要公眾更多地參與和關注的企業多適合互動行銷，就像我們前文所說的消費品生產企業和服務性企業等。

自媒體互動行銷的優勢

在傳統的行銷模式中，消費者在接受其訊息時顯得比較被動，而企業所能達到效果與預期目標也會存在著一定的差

異。而自媒體互動行銷不僅是對傳統行銷的一種顛覆，更是一種補充。這種互動行銷圍繞著目標消費族群，形成了良性、有序的互動方式，具備較強優勢，如下圖所示。

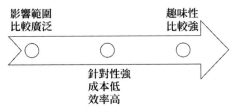

圖 6-9 自媒體互動行銷的三個主要優勢

（1）影響範圍比較廣泛

西元 1960 年代，美國著名的社會心理學家米爾格蘭（Stanley Milgram）提出了一個理論 —— 六度空間理論（Six Degrees of Separation），也叫六度分隔理論，通俗地講就是「你和任何一個陌生人之間所間隔的人不會超過 6 個，也就是說，最多透過 6 個人你就能夠認識任何一個陌生人」。

這一理論表達了一個很重要的概念，那就是在兩個素不相識的陌生人之間，透過一定的方式，必然可以產生連繫。基於此，自媒體平臺的影響力就不容小覷了。

如今，自媒體平臺越來越多，幾乎成為了訊息的集散中心，在這樣的情況下，訊息得到了更為迅速的傳播，參與人群大幅度增加，其影響範圍得到了不斷擴張。

（2）針對性強、成本低、效率高

如今這個時代是一個資訊大爆炸的時代，大眾在接收訊息的時候總是按照自己的喜好來選擇，有些人傾向於財經，有些人傾向於人文，還有些人傾向於娛樂，這對於企業開展行銷活動來說是十分有利的。因為，企業可以根據大眾的這種不同的傾向做出自身產品或服務的精準定位，找到自己的目標消費族群，然後有針對性地向他們傳播行銷訊息。

在傳統的行銷模式裡，無論是推銷，還是市場調查都需要花費大量的人力、物力，再加上廣告費用，行銷成本很高。而透過自媒體平臺將行銷的各種方式結合起來，這就在一定程度上減少了人力物力的投入，行銷成本大大降低。

如前文所說，傳統行銷的互動模式在訊息回饋等方面不夠及時，而自媒體平臺訊息傳播的迅速就很好地解決了這一問題，企業與目標消費人群可以隨時互動，且互動方式比較多樣。企業可以及時、隨時地關注、了解消費者的動態，溝通效率就得到了提高。

（3）趣味性比較強

與傳統行銷不同的是，自媒體行銷要更有趣味一點，因為它集合了多種元素如文字、圖片、影片等，呈現給大眾，而且還可以藉助各種科技手段進行多樣化的展現，這樣不僅

可以消除消費者對行銷的牴觸感，還能夠為行銷增添一份美感，消費者也會更樂意互動。

提高行銷互動的趣味性有許多方式，常見的有有獎競猜等方式，近來還有透過漫畫等形式進行趣味行銷的方式，這都在相當程度上吸引了消費者前來關注與互動。如此一來，企業與目標消費族群之間「點對點」的互動目的就達到了，而消費者也在互動的過程中對企業的產品或服務有了一定的認知，並且因為互動的趣味性而升起了渴望參與情緒，不知不覺地就提高了參與度。

自媒體平臺的優勢還不止於此，其目標裝置 —— 手機平臺，操作起來簡單快捷，可以隨時隨地地參與互動；企業在拉近與目標消費族群的距離感時，可以從共同話題入手，久而久之地就建立起了彼此的信任關係，消費者也有了一定的品牌忠實度。

▌自媒體互動行銷：

自媒體時代，顛覆傳統的行銷模式創新（下）

▌企業運用自媒體平臺的互動行銷策略

企業運用自媒體平臺的互動行銷策略，如圖所示。

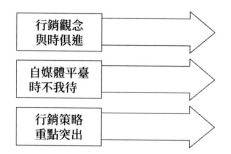

圖 6-10 企業運用自媒體平臺的互動行銷策略

（1）行銷觀念與時俱進

新事物的產生和舊事物的滅亡是不可抗拒的規律，在媒體的領域裡，這個規律是新興媒體的興起和傳統媒體的沒落。近年來，自媒體成為新興媒體的一個主力軍，勢不可擋，微型部落格、微信、論壇等各種媒介平臺層出不窮。

隨著時代的不斷發展變化，企業的經營環境與條件也在不斷地變化著，這對於企業來說是新的挑戰，唯有隨之轉變自己的經營觀念迎面而上，方能在激烈的市場競爭中爭得一席之地。相應地，行銷觀念也需要隨之更新，例如：行銷方案的目標定位要更為精準、施展平臺要緊跟時代潮流等等。

自媒體平臺就是如今諸多企業爭相搶占的新興平臺，透過這一平臺，企業可以更深刻地了解到消費者的需求，消費者能更深入地參與互動，雙方之間的溝通將有一個良性的發展。

（2）自媒體平臺時不我待

進入西元 21 世紀以來，訊息科技的發展可謂是日新月異，網路將全面進入 4G 高速時代，智慧型手機和 PAD 終端越來越普及，已經成為了人們的生活必需品，自媒體平臺也成為了大眾主要展示自己、表達自己的首要發聲地和隨時隨地瀏覽訊息的主要平臺。在這樣的大形勢下，網路行銷已經進入了自媒體行銷階段，企業若想分食這一塊大蛋糕，就必須建立自己的自媒體平臺。

所以，企業搭建極具特色的官方平臺就成為了提高自身競爭力的一個有力武器，也成為了企業與目標客戶之間保持互動的基礎。

（3）行銷策略重點突出

行銷策略之粉絲力量

在制定行銷策略之前，必須要做的是對企業本身及其產品或服務做一個明確的定位，在此基礎上吸引目標消費人群加以關注，並從中建立一支忠實度較高的高品質粉絲團隊。也就是說，企業官方自媒體平臺所彙集的粉絲貴精不貴多，既多又精自然最好。只不過，如今的現狀正好相反，許多企業在彙集粉絲時一味地要求數量，反而並不重視品質，最終導致的結果是企業在互動行銷時，參與者寥寥。所以，企業若想在自媒體行銷方面分得一杯羹，對粉絲的甄別與維護是必不可少的。

對此，企業可以組織一支比較專業的團隊專門負責，透過歷史時期的數據來考察粉絲的參與情況和活躍程度，辨別出對企業的品牌有著一定忠誠度的粉絲，並確立粉絲團隊。之後就要維護粉絲團隊，與之建立起長期、穩定的關係。

想要保持粉絲的活躍度，企業首先要保持其官方平臺的活躍度，這樣雙方才能保持互動。其次，企業需要釋出生動有趣的行銷內容以及有討論空間的話題，以吸引大眾的注意力。如此一來，互動就能夠持續、火熱起來，企業便可從中獲得消費者的需求訊息，就可以在以後的經營活動中有的放矢。

行銷策略之消費者意願表達

既然是互動行銷，本就是企業需要得到消費者的回饋訊息，更多地去傾聽消費者的聲音。企業的發展離不開消費者的支持，其抱怨也好、滿意也罷，都是企業不斷向前邁進的一個動力。所以，企業可以在其官方平臺上專門開闢一個版塊，用以供消費者表達意願，對他們的喜愛表示感謝，對他們的埋怨表示歉意，對他們的建議表示採納，使得企業在日後的經營中有所進步。

另外，企業還有要專門的團隊去關注、回應消費者留言並分析，從中汲取營養。在這一過程中，包容與尊重是其必須具備的品質，包容評論的多樣化，尊重認知的差異化，從好評中獲得信心，從負評中汲取動力，使「互動」落到實處，做到真正「點對點」。

行銷策略之「分享」

自媒體平臺的發展離不開「分享」二字，使用者在上面分享自己的生活、感悟，以及各式各樣的新鮮事。而在此基礎上進舉辦行銷活動，企業也應將「分享」納入行銷體系。

例如說分享產品的製作過程，以往，消費者見到的只是產品的成品，對製作過程一知半解，而企業透過分享製作過程，使消費者真切地感受到產品從開始到成品的點點滴滴，相當於參與了其成長，潛意識裡就會對其有一種親近感，更

容易產生購買欲望。

此外，企業還可以鼓勵消費者分享經驗，這同樣也是一種比較可信的宣傳方式，不僅能夠擴大影響力，還能營造企業形象。這種口碑相傳的宣傳方式，能夠為企業帶來更多的關注者和潛在客戶。

無論是因為自媒體平臺的風行，還是因為企業行銷的需要，自媒體互動行銷都已應運而生，並且在推動企業發展上發揮了巨大的作用。

然而，自媒體平臺仍然無法擺脫網路的特點，惡性競爭、惡意攻擊、網友惡搞等情況不時出現，需要企業提高警惕，增強公關危機意識，建立規範的公關危機機制，提高相應的能力與技巧，在危機出現時能夠及時掌控全域性並將損害降到最低。另外，還需要企業約束、規範自身，官方平臺釋出的內容一定要措辭嚴謹，不要有歧義，在追求生動、有趣的同時，保證公眾利益不受到侵犯。

值得注意的是，儘管自媒體發展得如火如荼，但是傳統媒介的作用也不可忽視，甚至摒棄。只有將兩者結合、互補，企業才能夠獲得行銷價值的最大化。

Part7

重新定義

企業、產品與粉絲之間的關係

▌140 字的行銷魔力：

重塑企業、產品與粉絲之間的關係

▌企業社群平臺的發展現狀：嶄露頭角

眾所周知，Twitter 是最早也最為著名的微型部落格，它支援 33 種語言版本，已成為國際上最為流行的微型部落格版本。美國網路流量監測機構 ComScore 釋出的統計數據顯示，早在西元 2009 年 6 月，Twitter 全球訪問使用者量就達到了 4,450 萬。

Twitter 作為全球微型部落格的領導者，也早就看到了品牌行銷方面的前景。Twitter 專門開設了「品牌頻道」，企業可以在這個平臺內建構自己的品牌頁面，釋出產品的各種資訊，可以藉助微型部落格向其他使用者發送產品或活動訊息，以此實現產品宣傳和品牌推廣。

戴爾（Dell）是較早選擇微型部落格來做品牌行銷的企業，並且取得了相當顯著的成績。西元 2007 年 3 月，戴爾在 Twitter 開通官方平臺，並在兩年時間內建立了 6 個類別的 35 個帳號，每一個帳號都分派人員負責專業維護與管理。名為

@ delloutlet 的帳號已經有超過 150 萬的粉絲，由微型部落格所帶來的行銷收入已超過 700 萬美元。

之後，星巴克、可口可樂、福特汽車（Ford Motor Company）等國際知名品牌也陸續在 Twitter 上開闢品牌行銷通道。針對企業的品牌行銷，Twitter 已經開發了 35 個企業軟體套裝，包括 1.1 萬個軟體元件。

企業微型部落格的行銷優勢：青出於藍

隨著網路的迅速發展，網友數量也呈爆炸式增長，企業要想獲得長足發展必須要抓住網路行銷這一重要手段，眾多企業在金融危機的影響之下增加了網路行銷的投入。早前的部落格紅極一時，很多企業就將其作為自己產品宣傳和品牌推廣的平臺。

如今微型部落格悄然走進我們的生活，以其更為獨特的傳播優勢和「青出於藍」的氣勢對網路行銷發起了新一輪的挑戰與突破。

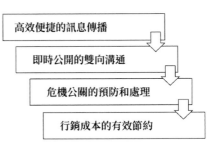

圖7-2 企業微型部落格行銷的四個主要優勢

（1）高效便捷的訊息傳播

微型部落格與部落格的區別就在於「微」。在微型部落格中釋出的訊息都被限制在 140 個字元以內。企業透過微型部落格所釋出的資訊或內容摒棄了之前的長篇大論、滔滔不絕，反而是以言簡意賅、短小精悍獲得使用者的關注，既方便快捷又有利於企業資訊的傳播。

微型部落格所提供的訊息都是經過濃縮的內容，正符合人們由於生活節奏快、訊息雜亂而對訊息獲取與人際交往所產生的快捷化需求。由於微型部落格粉絲眾多，其訊息更新速度是普通網路交流工具無法企及的，這也使得訊息的傳播效率得到了極大的提高。

微型部落格使用者不僅可以利用手機、電腦裝置釋出訊息，還可以透過 IM 軟體（MSN／Skype）以及外部的 API（Application Programming Interface，應用程式介面）隨時隨地釋出自己的心情或企業資訊，其分享功能實現了與粉絲的共享與交流。這就展現了微型部落格的另一重要特點，即訊息的多種發布管道。

微型部落格這個平臺將每一個使用者都變成了以自我為中心的訊息來源，透過「關注」與「被關注」實現訊息的傳播。正是基於這種網狀結構，企業可以藉助微型部落格高效快捷的訊息傳播能力，更加靈活、自主地釋出企業的產品資訊，達到企業宣傳和品牌推廣的目的。

（2）即時公開的雙向溝通

　　微型部落格所走的是「親民」路線，其操作方式簡單、快捷，入門門檻甚至比部落格、SNS 社交網還低，在短時間內就彙集了眾多粉絲。

　　同時微型部落格還與手機行動終端和網路相連結，破除了時間和空間的障礙，在行動網路時代占據了主動權。微型部落格不再是單純的訊息釋出平臺，而是高度智慧的互動平臺。企業可以透過微型部落格發起各種熱門話題或者展開諸如有獎徵答、線上投票、線上直播之類的互動性活動，吸引公眾的參與和互動。藉此充分發揮粉絲的主動性和互動性，彙集忠實的「粉絲群」，在雙向溝通中實現品牌推廣的目的。

　　下面我們以戴爾為例說明。

　　微型部落格可以幫助企業實現與客戶的「面對面」交流。特別是戴爾在企業微型部落格的運作中始終堅持坦誠的雙向溝通。戴爾不僅鼓勵普通員工加入微型部落格，還讓其以企業形象大使的身分與粉絲溝通，藉此建立與客戶之間的緊密連繫。

　　戴爾的全球副總裁馬尼什·梅赫（Manish Mehta）在接受專訪時也曾指出，與客戶所建立的緊密、直接的關係是戴爾在 Twitter 上最大的收穫。

　　企業微型部落格在與使用者溝通的過程中實現了企業文化和品牌理念的傳播，微型部落格所釋出的產品資訊也有助

於提高銷量；同時，使用者可以在企業微型部落格上留言，使企業可以及時了解使用者的想法，線上展開「使用者滿意度」調查，從而為企業發展提供可靠的參考數據。透過微型部落格，企業與使用者之間形成了即時公開的雙向溝通。

（3）公關危機的預防和處理

企業微型部落格為企業的資訊釋出提供了一種新的官方管道，同時更加透明、快捷的傳播手法也為企業公關危機的預防和處理提供了一種新的方式。企業在微型部落格的日常維護過程中，可以對相關利益方、媒體、使用者等的言論或微型部落格採取監控和跟蹤，若是發現危機苗頭，要及時進行解決。

若危機事件已經發生，企業可以透過微型部落格本著公開、透明的原則釋出危機處理過程，對於自己所存在的錯誤不能迴避，要主動回應，以彌補過失、防止事態擴大。

我們以可口可樂為例說明。

西元 2008 年下半年，可口可樂監測到一位消費者在 Twitter 上釋出了可口可樂公司沒能兌現 MyCoke 回饋活動獎品的訊息，並發現這則訊息的跟隨者在短時間內增加了 10,000 多人。可口可樂相關人員及時道歉並幫助其解決問題。最終這位使用者得到了獎品，還將自己的 Twitter 頭像改為自己手拿可口可樂的照片。

　　也許微型部落格無法解決複雜的危機事件，但是將其視為公關危機的輔助性處理管道是必要的。企業微型部落格在建構暢通的訊息網路的同時，也已成為安撫公眾情緒的重要管道。

（4）行銷成本的有效節約

　　使用者透過微型部落格平臺釋出訊息是免費的，所以企業開通微型部落格就有效地節約了行銷成本。企業可以在微型部落格平臺上免費釋出產品資訊、使用情況，以此吸引使用者、提高銷量；同時也可以釋出企業業績、社會公益責任等企業文化資訊，實現品牌推廣。

　　與網路上無孔不入的網路廣告相比，這樣的推廣方式更容易讓人接受。消費者或使用者在與企業微型部落格的互動中接受企業文化以及產品，使企業與使用者的關係更為緊密。有些企業將微型部落格當作使用者服務的延伸，透過現在提供產品和服務的相關資訊簡化客服流程，不僅節約了行銷成本，也大大降低了營運成本。相較於傳統媒體的高成本宣傳，企業微型部落格則顯得更加實惠低廉。

▌企業微型部落格營運實戰：

如何建立企業的微型部落格粉絲群？

　　微型部落格不同於傳統媒體，除了傳播速度更快、時效性更強的本體優勢之外，微型部落格所承載的訊息更全面。由於公眾對公共話題的關注心態與生俱來，微型部落格的閱聽人相較於傳統媒體會更多一些，微型部落格的應用使企業與使用者之間的關係超出了純粹的買賣關係，延伸出更為密切的情感關係，使得企業可以在激烈的市場競爭中站穩腳跟。

　　企業發展靠口碑。與傳統企業偏重熟人之間的口碑行銷不同，網路的發展使公眾越來越相信線上的評價，這讓企業們意識到贏得網友們的口碑對自身發展造成了極其重要的作用。而微型部落格則以其自身特性更便捷地幫助企業贏得粉絲的口碑，成為企業進行網路行銷的又一重要手段。

　　微型部落格的使用者群體有很多，如企業高層、影視明星、媒體記者、經濟學者、網路紅人、主持人、評論員、行銷策劃人等，這些代表著顛覆與變革、創新與時尚的使

用者群可以藉助微型部落格連線普通網友，實現訊息的快速傳播。

微型部落格以其簡單易行的操作、低廉的單位成本以及迅速的使用者拓展，吸引了越來越多的網友，為媒體訊息傳播累積了龐大的通訊員隊伍，形成了一個新的交流互動平臺。微型部落格的寫作門檻比部落格更低，而且在編寫方面整合了手機簡訊的優勢，使其在面對突發新聞事件時，報導和傳播速度比傳統媒體更快，表現了微型部落格的即時傳播特性。

因其自身的優勢，微型部落格很快就獲得了越來越多網友的青睞，各類企業也關注到這其中的商機，將微型部落格變成傳播企業品牌文化、增強客戶與企業緊密型的行銷利器。他們紛紛設立官方微型部落格，透過開展各類活動彙集粉絲，與之親密互動，實現企業資訊傳播、產品行銷以及品牌推廣的目的。微型部落格的出現不僅改變了個人的交流溝通方式，也幫助企業找到了新的發展機遇。對於企業的發展而言，企業微型部落格的作用是舉足輕重的。

企業微型部落格與傳統的宣傳方式最大的區別就是它建構了一個企業與使用者溝通的平臺，藉此展示企業的產品與文化，從而幫助使用者了解企業產品，實現企業的品牌推廣。傳統企業可以透過微型部落格來建立口碑，改變自身形

象，在宣傳企業品牌文化的同時實現產品行銷。

作為一種新的行銷手段，微型部落格為企業帶來新的發展機遇的同時也帶來了些許挑戰，這就需要企業具備敏銳的觀察力和靈敏的嗅覺，緊跟時代步伐，做好企業微型部落格的營運。那麼到底如何才能做好企業微型部落格營運呢？

建立你的企業粉絲群

微型部落格是非常好的行銷手段，但是如果企業開通微型部落格之後無人關注或跟隨，微型部落格行銷是無法實現的。所以要想在微型部落格上進行產品行銷，第一步要做的就是建立企業粉絲群。只有彙集了一定數量的粉絲，然後定期更新微型部落格訊息，才能夠實現產品的宣傳和品牌的推廣。

建立企業粉絲群的方法如圖所示。

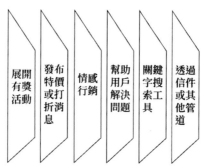

圖 7-3 建立企業粉絲群的方法

展開有獎活動

免費獎品對於粉絲來說是一種誘惑，所以開展有獎活動既是一種行銷模式又是宣傳企業產品的手段。如果人們都喜歡這種產品，就會參加這項活動，這樣企業微型部落格就可以獲得一定的粉絲。

釋出特價或打折消息

企業微型部落格要專注於使用者心理，釋出一些限時打折消息，既推廣了產品又使使用者獲得了實惠。這種有效的推廣方法也可以帶來不錯的傳播效果，贏得粉絲青睞。例如，酒店的企業微型部落格可以透過定期釋出特價房來推廣自己並獲得粉絲的關注。

情感行銷

所謂的情感行銷就是透過人性化的服務來獲得粉絲。無論是售前還是售後，都要提供貼心的服務以提高使用者的忠實度。同時微型部落格可以以一對多的溝通交流來解決問題，這就可以在溝通中獲得更多粉絲。

幫助使用者解決問題

只有為使用者提供了切實的幫助，解決使用者的問題，企業才能夠真正贏得粉絲的心。這需要企業把使用者當成朋友，用心解決問題，與使用者保持互動的狀態。

▌關鍵字搜尋工具

　　企業需要與各大入口網站、推廣等合作，在這些平臺上投放企業微型部落格的廣告，藉此獲得網友的關注；同時企業微型部落格需要透過搜尋工具來主動尋找粉絲，例如透過搜尋關鍵字發現潛在使用者。

▌透過郵件或其他管道

　　向企業內部員工或使用者派發連結郵件，讓其用指定連結註冊，自動追蹤企業微型部落格，這樣就會在短時間內獲取一定數量的粉絲。當粉絲大量增加，企業微型部落格就有可能出現在微型部落格首頁，這樣就會吸引更多粉絲的關注。

　　粉絲群的建立會使企業資訊傳播速度加快，但也要注意由於訊息雜亂所帶來的負面影響。

企業微型部落格行銷成功的關鍵

　　隨著行動網路的發展，微型部落格呈現出更迅速的發展趨勢，跨平臺互動的功能也日益突顯。藉助微型部落格可以釋出文字、圖片甚至影片來描述產品，並透過這個平臺迅速傳播出去，無論是粉絲還是潛在客戶都可以接收產品資訊，將微型部落格打造成產品推廣的平臺。

伴隨著時代的發展變遷，人們更渴求即時快捷的交流方式，訊息傳播方式也因此出現了變革趨勢，微型部落格的出現正好滿足了使用者的需求，以其高效快捷的特點掀起了一場微型部落格旋風。微型部落格是網路的一種最新應用模式，介於網路和行動網路之間，具備高度的開放性，使使用者可以隨時釋出傳播訊息。

刷微型部落格已經成為時尚現代人閒暇之餘常做的事情，這也使微型部落格擁有了更為廣闊的發展空間。越來越多的人使用微型部落格，也為企業實施微型部落格行銷、實現品牌推廣提供了良好的時機。

微型部落格不僅是訊息釋出平臺，也是口碑傳播平臺。企業透過微型部落格釋出品牌文化和產品資訊，然後一傳十、十傳百匯聚口碑，從而使更多的使用者成為企業微型部落格的粉絲，這樣就可以與更多的潛在客戶直接互動，實現品牌行銷。

對於剛開始嘗試微型部落格行銷的企業來說，成功實現行銷的一個關鍵就在於不僅要宣傳企業的產品和文化，還要提供一定的客戶服務和技術支援回饋，這樣企業微型部落格的內容會更豐富，也會獲得更多的追隨者。在與消費者進行互動的過程中打造品牌知名度。

再者由於微型部落格內容表達的訊息有限，不論是新

聞，還是個人心情都呈現出「碎片化」特徵，甚至呈現「口水化」趨勢，不能表現深刻的內涵或意義，所以企業微型部落格在行銷過程中要避免出現這樣的情況。首先要控制釋出頻率，過多會讓粉絲產生厭倦，保持每天 10 則左右的更新即可；其次是要選擇消費者感興趣的話題來更新，摒棄自動更新的方式；第三可以選擇個性化的頭像，既增加了特色，又能夠吸引更多的粉絲。

要想成功實現微型部落格行銷，最重要的一點就是要發表自己的觀點，與粉絲展開積極的互動討論，從而與之建立密切的關係。企業微型部落格要有專門的負責人監測追蹤，並在與粉絲互動的過程中吸取有用的建議來完善企業的產品與服務，獲得更多的支持者。

▌微型部落格行銷評估系統：

如何有效評估微型部落格行銷效果？

　　微型部落格行銷成為企業行銷的新方式，衡量微型部落格行銷效果最簡單、最明瞭的方式就是看釋出在微型部落格平臺上的商品訊息受到多少人的觀看。觀看的人數是使用微型部落格進行訊息推廣的影響力大小的反映，然而，觀看的人數只能從最表層來展現微型部落格的行銷效果，無法體驗出微型部落格在真正意義上產生的影響力和帶來的效益。

▌微型部落格行銷傳播效果的四個影響因素

　　總體而言，可以從多個角度來衡量微型部落格行銷的效果，透過微型部落格釋出的訊息定位、訊息被使用者關注的程度、針對訊息發起的互動交流、訊息被分享的數量等是其主要組成部分。

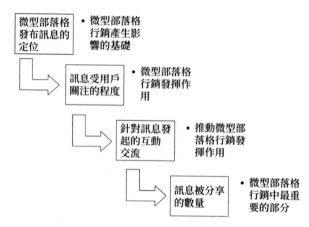

圖 7-4 微型部落格行銷傳播效果的四個影響因素

（1）微型部落格釋出訊息的定位：微型部落格行銷產生影響的基礎

要使釋出在微型部落格上的行銷訊息引起消費者的注意，就要保證訊息內容符合消費者的興趣點，這樣才能讓消費者聚焦於釋出的訊息，也是微型部落格行銷產生影響的基礎。微型部落格釋出訊息的定位需要從這些地方入手：

★ 透過分析哪些訊息能夠吸引消費者的注意，為訊息內容的發布做鋪陳；

★ 微型部落格釋出的訊息要顯示出該商品的獨到之處，讓消費者明晰該商品的價值所在；

★ 杜絕以呆板的形式表現訊息內容，根據消費者的興趣點來加工訊息；

★ 將創新的思維融入微型部落格訊息中，訊息的編輯及加
　工處理、整合、排列等環節都要有所不同。

透過微型部落格釋出的訊息在進行定位時與產品定位有
相似之處，進行訊息定位時應當抓住這些方面：訊息的具體
內容、在進行訊息呈現時流露的情感、商品能否與消費者的
習慣相適應等等。

（2）訊息受使用者關注的程度：微型部落格行銷發揮作用的前提

訊息受使用者的關注程度不能僅僅用關注的人數多少來衡
量，而是要看該微型部落格的精準使用者有多少，因為歸根到
底，商家透過微型部落格釋出訊息是為了銷售自己的商品。

為了達到這個目的，商家應當努力增加其微型部落格的
精準使用者的數量，不然即使關注商品訊息的人有很多，但
是多數人並不屬於其目標客戶，那麼商家最終透過微型部落
格訊息傳播銷售出去的商品也不會有所增加。以下幾個方面
可以作為微型部落格行銷的關注程度的衡量標準。

★ 粉絲的數量。粉絲數量多意味著微型部落格行銷的效果
　比較理想，那些在微型部落格平臺中有權威的人士如果
　關注自己的微型部落格，就能大大增強訊息的影響力。
★ 粉絲的互動性。粉絲的互動性是指關注訊息的粉絲就訊
　息發表意見、互相交流及轉發訊息的主動性，要重點分

析那些互動性強的粉絲，把握能夠吸引他們的訊息內容，從而總結出在銷售商品時應當著重宣傳的地方。

★ 粉絲的線上時間。粉絲停留的線上時間長說明微型部落格訊息受關注效果比較好，不然，雖然使用者的互動性比較強，但是停留的時間不夠長，那麼經過他們分享的訊息內容也不能產生足夠的吸引力。

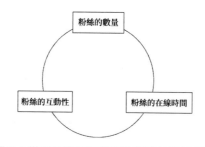

圖 7-5 微型部落格行銷關注程度的衡量標準

所以，商家在衡量微型部落格的訊息宣傳效果時，僅僅把其微型部落格視為大眾傳媒平臺是遠遠不夠的，應當把微型部落格打造成能夠受到精準使用者關注的訊息傳播平臺。

（3）針對訊息發起的互動交流：推動微型部落格行銷發揮作用

這個方面是與傳統媒介相比而言的，能夠發起互動交流是微型部落格行銷的核心功能。微型部落格所具有的互動功能性讓其適用於針對商品的交流，這種行銷方式是在無形中產生影響的，使用者評論後也會對企業的品牌和商品加深印

象。不僅如此，還能將這種影響範圍擴大至更多的使用者身上，吸引更多粉絲的注意。

所以說，在做微型部落格行銷時，要努力做好與關注訊息的使用者之間的交流溝通。商家透過微型部落格釋出訊息、與使用者進行互動時，要注重在完善以下三點。

★ 在與粉絲互動過程中不能忽視互動的雙向性，要及時回覆粉絲的意見和評論；

★ 與粉絲交流時，必須把握粉絲回饋的訊息、粉絲對商品所持的態度和改進建議等；

★ 針對使用者的消極反應，要即時地處理，並與使用者之間友好溝通。

（4）訊息被分享的數量：微型部落格行銷中最重要的部分

微型部落格行銷是運用病毒式行銷的結果，這種行銷方式能夠迅速地讓商品訊息被消費者記住，分享微型部落格訊息能夠推動微型部落格裂變式傳播影響力的發揮。商家應當把增加微型部落格訊息被分享的數量作為微型部落格行銷中最重要的部分，激發消費者購買商品，這樣就能夠達到微型部落格行銷的目的。所以，進行微型部落格行銷時最關鍵的就是讓更多的使用者去分享企業的微型部落格訊息。

商家在微型部落格行銷過程中最需要做的就是改變傳統

模式下的媒介與使用者之間一對多的訊息傳達，實現使用者一對一的互動交流。使用者是否分享微型部落格訊息會受到多種因素的影響，商家在採用微型部落格行銷時要採取相應的措施、歷經幾個步驟才能讓訊息成功分享並獲得更多的關注，商家應該在每個步驟中謹慎行事，並注意以下幾點：

★ 了解並熟悉競爭者的微型部落格行銷策略；

★ 了解所企業所屬領域的行情和進展方向；

★ 了解透過微型部落格釋出的商品訊息的定位，將商品特點呈現出來，加強與使用者的溝通；

★ 尋找關注微型部落格訊息的精準使用者，發掘潛在客戶群，統計微型部落格行銷的數據訊息，根據市場狀況不斷完善微型部落格行銷的方式與手段。

企業微型部落格行銷過程評估

微型部落格行銷過程是指運用微型部落格釋出商品訊息令其發揮作用的過程，這個過程對於微型部落格行銷產生影響力至關重要。在這個過程中，最重要的是對微型部落格關係集中處理，也就是在微型部落格中重新架構人們之間的關係，並將這個關係延伸至與商品行銷有關的關係網中。

要使微型部落格中的關係順利延伸，商家要在經營中掌

握微型部落格行銷的技巧，知道從哪些方面去衡量微型部落格行銷的過程，下圖的三個方面就是其具體的衡量標準。

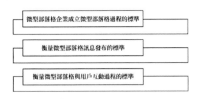

圖 7-6 微型部落格行銷的三個具體衡量標準

（1）衡量企業成立微型部落格過程的標準

一方面微型部落格給使用者帶來的視角方面的感受，如使用者是否對其外觀滿意？另外一方面是微型部落格釋出內容的定位，如使用者能否從微型部落格的訊息中明確企業的價值導向？還有微型部落格的特色，如與其他競爭對手相比，該平臺所突顯的優勢特徵？

（2）衡量微型部落格訊息釋出的標準

商家透過微型部落格平臺釋出的訊息是否契合使用者的需求、吸引使用者的注意力，從而令其關注、轉發訊息？釋出的訊息是否能傳達商家的本意？此外，微型部落格訊息所表現出來的傳播態度，訊息是否具有可靠性、是否積極向上？訊息表現形式是否展現出了藝術價值？是否將要表達的銷售訊息滲透在其中？諸如此類的問題都必須衡量。

（3）衡量微型部落格與使用者互動過程的標準

在透過微型部落格平臺與使用者交流溝通時，能否挖掘潛在使用者並針對商品訊息來交流？交流過程中是否能夠按照步驟順利進行？互動的形式是否具有獨特之處？互動能否達到商家最終的目的？諸如此類的問題都必須衡量。

企業微型部落格行銷結果評估

微型部落格行銷與以往的行銷方式有很大的差異，相應地，在評估微型部落格行銷結果時，也應當採取新的標準。微型部落格行銷管道的理想效果本質上是產生了大量的精準使用者並帶動宣傳，達到商品銷售的目的。所以，商家採用微型部落格平臺就要掌握微型部落格行銷能夠產生的作用，從而總結出恰當的標準來衡量微型部落格行銷達到的水準。

微型部落格行銷發揮作用需要經過一系列的步驟去逐步實現，在估量微型部落格行銷所具有的功能或者衡量微型部落格行銷的水平時，需要著眼於微型部落格行銷過程中具有說服力的標準，也就是微型部落格品牌在使用者之間產生的效應、微部落格服務的作用、微型部落格銷售帶來的商品交易數量的增長效應和微型部落格訊息激發的消費者的購買行為等，如下圖所示。

圖 7-7 企業微型部落格行銷結構評估指標

　　衡量微型部落格行銷的結果是為了讓商家在運用微型部落格行銷時，探索並最終建設出具有輻射作用的微型部落格品牌，讓使用者滿足於與微部落格服務系統的互動，達到增加商品銷售目的的效應，建立微型部落格行銷激發消費者行為的標準系統。這個標準系統中以微型部落格品牌的效應為基礎，微部落格服務的水準是其重要組成部分，微型部落格效應是最關鍵的環節，微型部落格行為的產生是最終要達到的效果。

▌企業微型部落格的粉絲轉化率：

如何將粉絲轉化為經濟效益？

隨著網路的發展以及涵蓋範圍的不斷擴大，越來越多的企業開始利用網路手段開展行銷傳播工作，其中微型部落格行銷就是一種比較普遍的行銷手段，為企業品牌的傳播和產品銷售發揮了重要的作用。

利用微型部落格開展行銷，需要有一個重要的前提條件，就是要有足夠數量的粉絲，因此企業在開始試水微型部落格行銷的時候第一步就是不斷擴大粉絲數量，當然在追求粉絲數量的同時也要注意粉絲的品質。雖然很多企業已經透過各式各樣的方式集聚了眾多的粉絲，但是如何利用這些粉絲為企業創造價值，卻成了企業試水微型部落格行銷中的「攔路虎」。

一般而言，企業在利用微型部落格開展行銷活動時會普遍遇到以下幾種問題：

★ 雖然擁有了一定數量的粉絲，但是能夠互動以及分享評論的粉絲數量卻比較少怎麼辦？

★ 怎樣利用微型部落格推動產品的銷售以及品牌的建立？

★ 多少數量的粉絲才能為企業帶來價值？

很多企業一直在強調和追求粉絲的數量，但是如果不懂如何運用粉絲、挖掘粉絲的價值，粉絲數量再多也不會發揮任何作用。而事實也證明確實是這樣的，很多企業擁有超過 10 萬、20 萬的粉絲數量，但是卻鮮少有訂單，而有的企業雖然粉絲數量只有幾萬，但是卻訂單不斷，這足以見得挖掘粉絲價值的重要性。

因此，粉絲數量並不是企業微型部落格行銷中決勝的關鍵，挖掘粉絲價值才是企業真正應該具備的一種技能，否則就算有上千萬的粉絲也很難發揮效用。從行銷的層面上來理解微型部落格，才能更好地利用粉絲為企業帶來價值。

挖掘粉絲的價值需要從以下三個方面入手。

（1）透過與粉絲的互動產生價值

微型部落格作為一種社群網路平臺，互動是其最重要的功能之一，只有經常與使用者互動，才能與之建立長久的連繫，並打入他們內部，了解他們的真實需求，精準地開展行銷傳播。在微型部落格上不僅有一對多的互動，也有單方面的互動，傳播的範圍也比較廣，但是如果缺少了互動，那麼微型部落格就變成了一潭死水，失去了本身應有的價值。

衡量微型部落格互動的標準有 3 個：微型部落格活動的參與人數、評論分享數量以及私訊數量，如下圖所示。此外，企業還應該注意微型部落格互動的技巧，切記亂互動產生反作用。互動的目的就是讓使用者感受到企業微型部落格的生命力，使使用者在價值觀方面認可，使之更容易接受企業品牌，塑造品牌口碑。

圖 7-8 衡量微型部落格
互動的標準

（2）找到最適合品牌發展的點

在微型部落格行銷剛興起的時候，很多企業都隨大流做起了微型部落格行銷，但是事實上很多企業根本沒有弄清楚為什麼要這樣做。有的企業打著銷售和品牌建設的旗號來做微型部落格行銷，但是卻不明白這樣做能夠為企業帶來什麼價值。這就是微型部落格行銷定位出了問題。

企業開展微型部落格行銷到底是為了什麼？是為了產品銷售、品牌建設，還是為了做好企業公關和使用者關係，不管是出於哪種目的，只要能找到準確的定位和目標，就可以為企業帶來價值。

數量並不是決定能否為企業創造價值的唯一決定因素，擁有正確的微型部落格行銷觀念和思路才是企業微型部落格行銷的關鍵。

怎樣提升品牌形象和產品銷量？

將使用者發展成為自己的使用者，利用他們的力量提升品牌形象和產品銷量，是很多企業夢寐以求的，但是在實踐過程中卻很難。企業利用微型部落格引導使用者購買自己的產品，通常情況下有以下幾種做法：

★ 在釋出的微型部落格內容中夾帶產品的資訊以及相關的連結，能夠取得不錯的成效，只不過這種方法需要更優質的文案設計；

★ 微型部落格會員專享價促銷，引導微型部落格使用者購買自己的產品；

★ 發放折扣券，面向粉絲發放現金券，刺激使用者的購買欲，提高產品的銷量。

當然，除了以上幾種方式之外，方法還有很多，只要從自身發展情況出發就能找到最適合自己的方法。

怎麼做到品牌傳播？

企業在做品牌傳播可以直接釋出品牌資訊，也可以在分享微型部落格訊息的時候增加品牌的曝光率，也有些企業會

如果是為了產品銷售，那麼就應該透過適當的行銷手段帶來實際的產品銷售；如果是為了品牌建設和宣傳，就應該清楚宣傳了什麼，有多少內容可以傳遞給使用者；如果是為了管理使用者關係，那麼就應該清楚使用者的真實想法，主動為使用者提供有效的建議。

利用微型部落格可以做的事情有很多，行銷宣傳、品牌建設、客戶關係管理等，對企業來說，找到最適合自己的，才能真正為其帶來效用。

有了明確的目標和精準的定位之後，下一步就是做好策略的部署：如果要利用微型部落格做產品銷售，那麼就應該做好產品推薦以及跟蹤連結，便於使用者查詢和購買；如果要做品牌宣傳，那麼就要在訊息傳播中植入品牌理念，加深使用者對品牌的認識；如果要管理客戶關係，則應該貼近使用者，了解他們的想法，傾聽他們的意見，進一步提升使用者體驗。

（3）挖掘粉絲價值最重要

很多企業都產生了一種錯誤觀念，認為粉絲如果不能超過幾萬，就很難創造價值，事實上，哪怕只有少量粉絲，只要能好好利用，都可能會為企業帶來價值。因此要開展微型部落格行銷，首先要改變觀念，要認識到利用微型部落格這個平臺做行銷，而行銷就是要挖掘粉絲的價值。因此，粉絲

選擇在微型部落格訊息中植入與品牌相關的資訊。我在對微型部落格粉絲進行調查研究的時候發現，粉絲更希望在微型部落格中看到與企業發展歷程、動態、文化、價值觀、產品等相關的訊息。從這一點上來看，杜蕾斯（Durex）做得比較成功，這種行銷方式可以稱之為內容行銷。

此外，也可以透過釋出優質的微型部落格內容，吸引使用者的關注，從而分享訊息，這樣一來就會進一步增加企業微型部落格的曝光率。

怎麼管理客戶關係？

在擁有了一定數量的微型部落格使用者和粉絲之後，企業微型部落格也要加強與使用者的互動，對於使用者提出的諮詢和建議要給予即時回覆和感謝，同時企業還應該重視使用者的投訴，即時幫助使用者解決問題，並透過這些問題的解決來改善產品和體驗。

曾經有一個企業微型部落格團隊來諮商過我這個問題，我給他們提出了幾點小小的建議：

★ 每天要回覆和分享使用者的 3 到 5 條評論；

★ 每天要主動搜尋 10 條以上提及企業的訊息，即時給予回覆並分享；

★ 要即時回覆使用者的建議和質疑，並表示感謝，條件允許的話可以給予一定的物質獎勵；

★ 必須當天解決使用者的投訴，對於比較惡劣的投訴，相關負責人要親自打電話解決。

做好以上幾點，不管是對使用者關係管理，還是對塑造品牌口碑，都具有重要的意義。

就算只有少量粉絲也可以為企業帶來價值，而關鍵就是怎樣挖掘粉絲的價值。有的企業只有幾萬的粉絲，但是卻能為企業帶來幾十萬的銷量，而有的企業雖然擁有幾十萬的粉絲，但是卻不能為企業創造訂單，因此說開展微型部落格行銷關鍵在於怎樣展開，有了思路才能有出路。

微型部落格行銷的價值就在於怎樣利用好粉絲，挖掘他們的價值，因此對企業來說，首要任務就是要學會運用粉絲的力量，讓粉絲在提高產品銷量以及塑造品牌形象上發揮更大的作用。

▌企業微型部落格 VS 公關管理：

如何進行微型部落格公關、優化企業形象？

　　企業微型部落格對企業的發展來說具有重要的意義，不僅可以優化企業形象，為企業吸引更多的粉絲，同時也可以與粉絲和微型部落格使用者進行親密互動，拉近與使用者之間的距離。企業透過網路突破了傳統媒體的桎梏，可以以相對較低的成本獲得更全面的訊息。而且隨著微型部落格使用者活躍程度的不斷提高，訊息的涵蓋面也在不斷擴大，為企業的資訊獲取提供了更多的便利。

　　除了優化企業形象、獲取更多的資訊之外，企業也可以利用微型部落格來管理公共關係。在企業管理中，企業能否踐行對顧客的服務承諾，是衡量其能否成功的關鍵性要素，在踐行服務承諾的過程中，顧客的意見回饋以及企業的處理是其重要的環節。

　　而微型部落格可以為企業與顧客之間的交流和互動搭建良好的橋梁，在拉近企業與顧客的關係方面發揮了重要的作用。

詮釋企業微型部落格傳播中的公共關係管理

隨著網路的高速發展，微型部落格也趁勢崛起，並在網路的推動下實現了快速成長，使用微型部落格的使用者數量也呈現了爆發式增長。企業透過創立微型部落格，來傳播企業文化，不僅可以將企業的文化以及價值觀傳播出去，同時也可以讓外界對企業有一個更清晰的認識，促進雙方的溝通和交流，從而在公共關係的運作上更加趨於完善化和透明化。

(1) 微型部落格的概念

微型部落格是指在使用者關係基礎上來傳播、分享以及獲取訊息的服務平臺，微型部落格使用者可以使用網站等建立社群介面，並透過釋出文字、圖片以及連結等實現與他人的分享和互動。

(2) 微型部落格公關管理的概念

網路的不斷普及讓沒有技術專長的普通人也可以利用網路來表達自己的聲音，由此也就催生了各種部落格、微型部落格以及論壇等。而經濟和技術門檻的降低，也為企業利用網路進行公共關係管理提供了更多的便利，其中微型部落格就是一種比較簡單的公關管理手段。

　　微型部落格公關管理就是利用微型部落格樹立和優化企業形象,提升企業在行業中的知名度和影響力,從而在市場上贏得更多的商機,累積更龐大的群眾基礎。而在這一微型部落格公關關係中,主體是企業,客體是網路使用者,傳播媒體則是指微型部落格。

　　企業並不是微型部落格公關中的唯一主體,政府等各種社會組織以及個人都是微型部落格公關主體中的重要組成部分,他們有一個共同的名稱 —— 網路化的社會組織。隨著微型部落格的廣泛應用,微型部落格公關將是未來企業網路公關發展的一種新趨勢,由於微型部落格是微型部落格公關的傳統媒介,因此從技術角度上來分析的話,企業利用微型部落格來傳播公共關係途徑也比較單一。

　　雖然微型部落格公關的客體是網路使用者,但是這裡講的網路使用者僅限於註冊有微型部落格帳號的網路使用者。而且由於公關對象針對性的特徵,使得網路公關對象也具有了針對性的屬性。網路公關針對的主要是有微型部落格帳號、經常瀏覽微型部落格並且與網路化的社會組織存在利害關係的個人或群體。

企業利用微型部落格進行公關管理的優勢

（1）大多數的主流新聞機構都擁有自己的微型部落格帳號，有數據顯示，微型部落格帳號已經突破了 13 億，微型部落格已經成為線上訊息傳播的主要途徑之一，媒體機構的微型部落格數量也呈現了快速增長，已經有 3.7 萬個媒體機構建立微型部落格帳號，其中包括報紙、雜誌、電視臺以及電臺等。

（2）微型部落格使用者的活躍程度不斷攀升。

有調查機構為了了解微型部落格使用者的活躍度，以粉絲超過 10 萬的微型部落格使用者作為研究對象進行了調查，這其中包括娛樂明星，社會知名人士，社交、娛樂以及金融領域的官方媒體，知名企業。從中同樣挑選了最新更新的 20 則微型部落格訊息，將其評論以及分享數作為研究的主要標準，從而得出了以下結論：

★ 不同平臺的微型部落格使用者的粉絲數量可以差距 2 至 3 倍；

★ 使用者在不同平臺的微型部落格上發文的數量有所不同；

★ 大多數使用者在追蹤的微型部落格帳號數量會因為平臺而有所不同；

★ 大多數使用者在微型部落格發文的時候會先傾向於選擇
   獲得回覆評論多的平臺；

★ 對於有關社交、經濟等方面的微型部落格，不同平臺會
   有所差距，不過這個差距也有逐漸縮小的趨勢。

（3）「微」創新在微型部落格的發展。

微型部落格在發展過程中也在不斷地提升技術，同時功
能趨於強大和完善。再結合其傳統與服務互交度強的社群網
路，取長補短，從而逐漸發展成為一種網路媒體，並在此基
礎上新增多媒體要素，促進微型部落格的「微」創新。

同時，微型部落格也在不斷增加新的功能，例如「私
訊」、「可能感興趣的人」、「話題」、「共同追蹤的人」等，
新增的功能已經開始跟之前使用的增強型功能產生了明顯的
區分，不僅可以增強微型部落格使用者之間的互動和連繫，
也可以推動公共關係的發展。

企業在微型部落格上發展公共關係的運用

公共關係是社會組織利用一定的傳播手段實現與公眾的
雙向交流，從而使雙方相互了解和適應的管理活動。因此在
個人或者組織向公眾傳播訊息的時候，還應該設定一個相應
的回饋管道。

微型部落格是一個高度社會化的傳播平臺，集電子郵件、即時通訊工具以及媒體的功能和優勢於一身，擁有廣泛的群眾基礎，包括普通民眾、政府機構以及社會機構等，降低了訊息傳播的要求，從而讓網路媒體更加簡單，也為使用者獲取資訊提供了極大的便利。因此說微型部落格對企業展開網路公關可以發揮一定的作用，不僅可以拉近與群眾之間的距離，同時也可以降低成本。

微型部落格同樣是一個社會性網路平臺，具有開放程度高、產品易用、使用者原創度高以及回饋程度高的特點，而企業可以充分利用新浪微型部落格的這些特性展開公關，提高企業的知名度和影響力，企業利用新浪微型部落格進行公關的方式主要有以下五種，如圖所示。

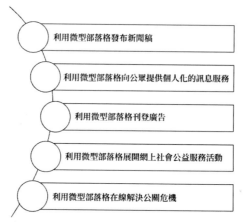

圖 7-9 企業利用微型部落格進行公關的五種方式

（1）利用微型部落格釋出新聞稿

隨著網路的發展和廣泛應用，網路已經成為人們獲取資訊的一種重要途徑，而新浪微型部落格在新聞傳播中也逐漸發揮了越來越重要的作用，並開始超越傳統的報紙、電視和雜誌媒體，成為新聞傳播中的一種主流媒介。

對企業來說，利用新浪微型部落格來釋出相關的企業新聞，就是一種比較有效的公關手段，而且隨著微型部落格使用者數量的不斷攀升，企業微型部落格也會受到更高的關注，在一定程度上已經可以取代傳統媒體釋出新聞的功能。

（2）利用微型部落格向公眾提供個性化的訊息服務

為了應對不同的公關對象，企業可以利用新浪微型部落格為他們提供個性化的訊息服務，從而滿足他們在了解企業新聞訊息、產品以及銷售訊息等方面的需求，而公眾也可以透過對企業微型部落格發表評論的方式向企業回饋一些意見，從而為企業策略的調整提供重要的參考。

（3）利用微型部落格刊登廣告

樹立企業形象、提升品牌知名度的一條重要手段就是廣告，而微型部落格廣告作為一種新興的特殊形態廣告，同樣也可以幫助企業塑造自身形象，因此，微型部落格廣告也是一種特殊的公關方式。

加上微型部落格本身低成本、內容可擴展性以及能夠跨越時空界限的特性，使其成為一種企業公關的重要手段。在微型部落格上刊登各種類型的廣告可以加深公眾對企業的了解，深化企業在公眾心目中的形象，拉近企業與公眾之間的距離，建立良好的互動關係。

（4）利用微型部落格開展線上社會公益服務活動

企業在微型部落格上策劃和宣傳各種社會公益活動，不僅可以增強企業的責任感，同時也透過公益活動讓更多的人受益，此外，也為企業贏得了名聲，塑造了良好的企業形象。因此對企業來說這是一種強化品牌形象的公關手段，透過公益活動來吸引大眾的眼光，從而以較低的成本提升企業的知名度，是一種行之有效的網路公關方式。

（5）利用微型部落格線上解決公關危機

由於微型部落格擁有比較龐大的群眾基數，因此企業在做公關危機的時侯，可以利用微型部落格收集群眾的回饋意見，從而及時調整公關方案，更快速有效地解決危機。同時企業也可以透過微型部落格開展座談會或者線上解惑，即時解決公眾的困惑，獲得公眾的理解，進而更好地解決危機。

電子書購買

爽讀 APP

國家圖書館出版品預行編目資料

商業模式進化論，解鎖強大行銷潛能：大連線時代的轉型祕訣！利用粉絲效應，提升產品價值與市場影響力 / 翁晉陽，管鵬，徐剛，喬磊，劉穎婕 著 . -- 第一版 . -- 臺北市：財經錢線文化事業有限公司，2024.07
面；　公分
POD 版
ISBN 978-957-680-922-4(平裝)
1.CST: 電子商務 2.CST: 網路行銷 3.CST: 網路社群
490.29　　113010098

商業模式進化論，解鎖強大行銷潛能：大連線時代的轉型祕訣！利用粉絲效應，提升產品價值與市場影響力

臉書

作　　者：翁晉陽，管鵬，徐剛，喬磊，劉穎婕
發 行 人：黃振庭
出 版 者：財經錢線文化事業有限公司
發 行 者：財經錢線文化事業有限公司
E - m a i l：sonbookservice@gmail.com
粉 絲 頁：https://www.facebook.com/sonbookss/
網　　址：https://sonbook.net/
地　　址：台北市中正區重慶南路一段 61 號 8 樓
8F., No.61, Sec. 1, Chongqing S. Rd., Zhongzheng Dist., Taipei City 100, Taiwan
電　　話：(02) 2370-3310　　傳　　真：(02) 2388-1990
印　　刷：京峯數位服務有限公司
律師顧問：廣華律師事務所 張珮琦律師

定　　價：420 元
發行日期：2024 年 07 月第一版
◎本書以 POD 印製
Design Assets from Freepik.com